砾岩成岩圈闭油气藏

潘建国　支东明　尹　路　雷德文　曲永强

唐　勇　王国栋　许多年　滕团余　王　斌

著

石油工业出版社

内 容 提 要

　　本书重点介绍成岩圈闭分类新方案、砾岩成岩圈闭基本特征及其受沉积相、成岩相和断裂三因素控制的成因新模式。提出了"源储配置紧密性、输导体系有效性、甜点储层规模性"及其有效的空间配置是源外砾岩油藏成藏与高产富集的核心以及源外近源和远源两种油气藏类型等理论新认识，开发了砾岩成岩圈闭定量化识别方法与预测新技术。

　　本书可供从事碎屑岩油气地质勘探的专业人员参考，也可以作为高等院校相关专业师生的参考阅读书目。

图书在版编目（CIP）数据

　　砾岩成岩圈闭油气藏 / 潘建国等著 . —北京：

石油工业出版社，2020. 3

　　ISBN 978-7-5183-3758-3

　　Ⅰ . ① 砾… Ⅱ . ① 潘… Ⅲ . ①砾岩－地层圈闭－油气藏

Ⅳ . ① P618.130.2

　　中国版本图书馆 CIP 数据核字（2019）第 259418 号

出版发行：石油工业出版社

　　　　　（北京安定门外安华里 2 区 1 号　100011）

　　　　　网　　址：www. petropub. com

　　　　　编辑部：（010）64523544　　图书营销中心：（010）64523633

经　　销：全国新华书店

印　　刷：北京中石油彩色印刷有限责任公司

2020 年 3 月第 1 版　2020 年 3 月第 1 次印刷

787×1092 毫米　开本：1/16　印张：9.75

字数：210 千字

定价：80.00 元

前　　言

　　成岩圈闭油气藏作为一种重要的类型在国内外均广泛发育,例如美国阿肯色州 Walker Creek 油田、加拿大艾伯塔斯皮里特河组、阿布扎比东部地区以及中国的塔里木盆地、鄂尔多斯盆地、四川盆地、松辽盆地等。目前此类油气藏在系统分类、圈闭形成机制、油气成藏及富集规律、关键评价方法与技术等方面的研究程度普遍较低,特别是砾岩成岩圈闭油藏研究几乎是空白。近年随着准噶尔盆地玛湖凹陷斜坡区十亿吨级特大型油田百口泉组砾岩成岩圈闭油藏的发现,引起了更多石油地质学家及勘探家对此类油气藏的关注。

　　笔者作为玛湖凹陷斜坡区百口泉组油气勘探研究的主要参与者之一,自 2011 年起围绕着关键成藏期的成储、成圈、成藏、富集等难题和关键评价方法及技术等进行积极探索,开展了相应的油气地球化学、储层实验、地震预测等基础研究工作。主要形成了三方面创新性成果,一是建立了受沉积相、成岩相和断裂三因素控制的砾岩成岩圈闭成因模式,揭示了一种碎屑岩成岩圈闭新类型,有效指导了斜坡区勘探目标选择;二是提出玛湖凹陷"源储配置紧密性、输导体系有效性、甜点储层规模性"及其有效的空间配置是源外砾岩油气藏高产富集的核心理论新认识,突破源外油气富集规律认识盲区,建立了玛湖凹陷源外油气藏油气差异聚集及富集地质模式,并划分出源外近源砾岩成岩圈闭和源外远源砾岩成岩圈闭两种油气藏类型,有效指导了区带评价与目标优选;三是创新砾岩成岩圈闭定量化识别方法与预测技术,为砾岩成岩圈闭油气藏的定量化表征及评价提供了有效的方法和技术手段。研究成果积极推动了玛湖斜坡砾岩油藏的精细勘探与评价。

　　《砾岩成岩圈闭油气藏》以总结归纳国内外成岩圈闭类型、特征并结合上述理论技术创新成果为基础,凝练成岩圈闭分类、砾岩成岩圈闭油气藏成因机制及富集规律和评价技术等成果的结晶,也是地震储层学研究的重要成果之一,对全球广泛发育的碎屑岩成岩圈闭油气藏的研究与勘探开发具有重要的借鉴意义。

　　本书共分六章,第一章绪论,概述了成岩圈闭的概念、国内外成岩圈闭研究现状和本书采用的分类方案以及砾岩成岩圈闭研究现状及其油气藏研究意义,由潘建国教授、王国栋博士和曲永强博士编写;第二章玛湖凹陷基本石油地质条件,简述了玛湖凹陷斜坡区油气勘探概况、构造演化及地层特征、碱湖优质高效烃源岩、高角度断层与不整合面输导体系及大型退覆式浅水扇三角洲砾岩沉积体系等成岩圈闭油气藏形成和富集的区域地质条件,由支东明教授、雷德文教授、唐勇教授、陈永波高级工程师等编写;第三章玛湖凹陷斜坡区砾岩成岩圈闭基本特征,简述了砾岩成岩圈闭的宏观结构特征,包括砾岩储层及遮挡层特征,由曲永强博士、王国栋博士、黄林军博士编写;第四章玛湖凹陷斜坡区砾岩成岩圈闭成因机制,简述了砾岩成岩圈闭形成的主要控制因素、形成机制、成因模式及储层临界物性,由王国栋博士、曲永强博士、潘建国教授编写;第五章玛湖凹陷斜坡区砾岩成岩圈闭油藏成藏及富集规律,简述了油气藏成藏演化、油气富集规律与油藏特征,由尹路博士、谭开俊博士、齐雯博士等编写;第六章砾岩成岩圈闭油气藏评价技术与应用,简述了砾岩成岩圈闭油气藏评价方法技术体系,由曲永强博士、许多年高级工程师、王斌高级工程师、滕团余高级工程师、丰超工程师和潘建国教授编写。参加本书编写工作的还有张寒工程师、李得兹工程师、马永平工程师、黄玉工程师、郭娟娟工程师、陈雪珍工程师、魏彩茹高级工程师等。全书由潘建国、支东明、尹路、曲永强、王国栋、许多年统稿,潘建国、支东明定稿。

中国石油天然气集团有限公司总经理助理陈新发教授,科技管理部总经理匡立春教授,勘探与生产分公司副总经理杜金虎教授、何海清教授,新疆油田公司副总经理刘明高教授、邵雨教授、王绪龙教授,中国石油勘探开发研究院赵文智院士、邹才能院士、胡素云教授、杨杰教授、熊湘华教授、陈蟒蛟教授、卫平生教授、陈启林教授、雍学善教授、袁选俊教授、朱如凯教授、张虎权高级工程师,中国石油大学(华东)校长郝芳院士,中国地质大学(武汉)蔡忠贤教授,成都理工大学邓继先教授,西南石油大学李传亮教授等领导、专家在研究过程中给予了大力支持和亲切指导。另外,研究工作也得到了“十三五”国家科技重大专项2017ZX05001项目资助,在此一并表示衷心感谢。

由于成岩圈闭研究程度较低和砾岩成岩圈闭油藏的复杂性,加之笔者水平有限,书中难免有不妥之处,敬请广大读者批评指正。

目　　录

第一章　绪　　论

第一节　成岩圈闭的概念

成岩圈闭(diagenetic trap)这一概念最早由 Rittenhouse（1972）和 Wilson（1977）提出，Rittenhouse（1972）将与不整合不相邻的地层圈闭划分为相变圈闭和成岩圈闭，提出成岩圈闭的形成有两种途径：一是成岩作用使非储层岩石转变为储层岩石，未变化或者轻微变化的非储层岩石作为上部或侧向遮挡；二是成岩作用使储层岩石部分变为非储层岩石，变化的部分作为全部或者部分遮挡。Wilson（1975,1977）形象地将储层中由差异化胶结作用形成的油气藏称为"冻结型油气藏"，并提出成岩圈闭的概念：成岩圈闭是一种充填了油气的古圈闭，由于油水界面处储层的胶结作用而使其油气经历之后的构造变动也能保存在古圈闭中。这种古圈闭的开启时间晚于油水界面处的成岩封闭时间，油气由于新上倾方向的差渗透层(古油水界面处形成的新的成岩封闭层)遮挡而保存。同时，Wilson（1977）指出了成岩圈闭与地层圈闭的差别：成岩圈闭的形成是穿时的，而地层圈闭上倾封闭的机理是同时代的储集岩到非储集岩的相变。

实际上，在成岩圈闭概念提出前已经有学者注意到这种圈闭机制：Lowry（1956）论述了胶结作用在砂岩储集岩中的影响，认为埋藏期间烃类在储层中的存在阻碍了胶结作用对孔隙的破坏，而储层含水部分却继续着正常的成岩作用；之后，Scholten（1959）描述了一种"古圈闭"，由于环绕油藏周边储层的胶结作用，不管以后的构造如何开启，油气仍能保存在古圈闭中；Scholle（1977）认为在 2900m 深的埃科菲斯克油田(Ekofisk field)的白垩储集岩孔隙度大于 40% 是过压或与烃类早期进入抑制胶结作用的结果，后来 D'Heur（1984）证实早期就位的烃类对压实作用有抑制作用；Becher 和 Moore（1976）证实美国阿肯色州 Walker Creek 油田中孔隙度的分布与成岩胶结作用相关，其中圈闭是成岩圈闭而非地层圈闭。学者对于成岩作用对储层及其性能影响的研究逐步转化为成岩作用对圈闭类型的改变上，逐步形成成岩圈闭的概念。

成岩圈闭概念提出后，国内外不少学者对其概念进行了补充和发展。强子同等（1979,1981）在研究大安寨碳酸盐岩油层时发现成岩作用对工业油井分布的影响，提出成岩圈闭是在构造或地层圈闭的基础上由于成岩作用的变化(主要是胶结作用)及其后构造运动的影响而形成的一种新的圈闭。Douglas（1986）提出成岩圈闭是由差异性成岩作用导致岩石孔隙度、渗透率发生变化，形成的由次生孔隙发育的储层及其被成岩致密层遮挡构成的圈闭，差异性成岩作用可由碎屑矿物、早期成岩矿物、埋藏史和流体等的不同导致。西门洛维奇(1986)将成岩圈闭定义为由于沉积物不均衡压实、后生胶结、次生孔隙和裂缝、地层水溶解作用和其他作用而形成的圈闭。颜其彬(1987)将沉积物在成岩过程中,因压实、溶蚀、白云岩化等作用,使岩层的渗透性、孔隙性发生变化而形成局部的岩性圈闭,称为成岩圈闭。Meshri 和 Comer(1990)将成岩圈闭油气藏定义为成岩作用与后生作用使储层物性发生变化,从而形成的油气藏(物性封闭油气藏)。丘东洲(1992)和汤显明(1992)认为成岩圈闭指储层在成岩、后生过程中使岩石组分或岩性发生变化所形成的圈闭(也称冻结圈闭),它的特点是既不受构造因素控制,也不受地层因素控制,是一种在构造、岩性及地层基础上受成岩作用影响而形成的地层—岩性圈闭。周劲松(1999)把成岩圈闭定义为:由强烈的破坏性成岩作用导致岩石中孔隙被大量充填,使岩石物性急剧变差,岩石不但丧失储集性能,而且成为其下方油气向上运移的遮挡,由此形成的圈闭;或者是由建设性成岩作用,使原本不具储集性能的岩石内部某一部位产生新的孔隙,并具有储集性能,从而形成的圈闭。

21 世纪以来,国内外学者对成岩圈闭的概念逐渐清晰和统一。窦立荣(2001)认为成岩圈闭是在成岩过程中无明显构造变形的情况下,非储层演变为储层和(或)非盖层演变为盖层而形成的圈闭。南珺祥和杨奕华(2001)总结认为成岩圈闭主要是成岩作用(如胶结、硅化、沉淀、结晶、溶解、交代等)影响下,储层物性发生变化,进而形成成岩致密带封闭的圈闭等。宋铁星等(2001)认为成岩圈闭的形成必须要有成岩致密遮挡岩的存在。王文革(2003)认为成岩圈闭主要是指由于后期储层成岩作用的改造差异性造成储层中非均质性变化而形成的一种岩性圈闭。Allen 等(2005)认为胶结作用提供圈闭上倾方向的遮挡或淋滤作用,在非渗透层中产生局部的储层而形成的圈闭为成岩圈闭。张运东等(2005)认为形成圈闭所需的储集条件或封闭条件主要由成岩作用造就的,即为成岩圈闭。邹才能等(2009)将成岩圈闭定义为由于连通砂体内差异性成岩作用致使圈闭内储集体与外围封堵层物性发生显著差异而形成的圈闭类型。于雯泉等(2012)认为受成岩作用控制形成的圈闭均为成岩圈闭,在广义上讲,碳酸盐岩型油气藏均为成岩圈闭。李洪玺(2013)将成岩圈闭定义为在成岩过程中,储层经胶结作用、压实作用和交代作用改造而形成的一种圈闭,后经构造运动改造形成的连续或不连续或单独的成岩体。李宇志(2014)提出成岩圈闭的核心本质为成岩致密封堵层(上部或侧部)的形成是导致成岩圈闭的必要条件,而由溶解等贡献性成岩作用引起的储层物性变好是形成成岩圈闭一个充分条件。

总之,成岩圈闭是重要的油气圈闭类型之一,是指在沉积期后由差异性成岩作用致使储层转变为非储层或者非储层转变为储层亦或两者并存,进而在上述情形下由非储层全部或者部分遮挡形成的圈闭(潘建国等,2015)。

第二节 成岩圈闭研究现状及分类

一、成岩圈闭研究现状

成岩圈闭概念提出和发展的同时,不同学者通过实例对成岩圈闭的形成机理、分布规律和预测方法等进行了研究。

（一）形成机理

Wilson（1977）最先提出的成岩圈闭形成模式为原始古圈闭中聚集油气后,烃对岩石的饱和作用使成岩作用停止,而岩石周围含水带的胶结作用可破坏孔隙度和渗透性,形成含水带的成岩封堵,不管后期的构造运动如何改变圈闭形态,油气仍能保存在成岩圈闭中（图1-1）。

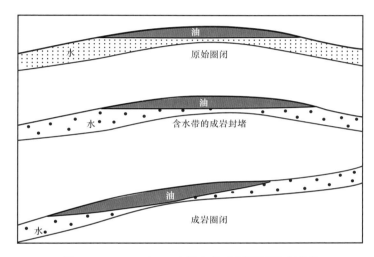

图1-1　Wilson（1977）提出的成岩圈闭形成模式

Schmidt和Almon（1983）认为在许多碳酸盐岩和砂岩地层中,成岩封闭可有效地阻挡储层中油气的运移,形成这类成岩圈闭盖层的作用有:（1）硅酸盐和碳酸盐压溶而产生的化学压实作用;（2）上述过程中不溶矿物和有机质的富集;（3）自生黏土矿物的胶结;（4）水化学作用或交代作用使岩石体积增加;（5）聚集重结晶作用;（6）塑性组分的机械变形;（7）由油气产生的非活性有机质残余的充填。与岩石封堵能力有关的因素有:（1）残余孔隙的数量;（2）孔隙的几何形态;（3）弹性模量;（4）再次封堵的能力;（5）充填孔隙介质的物理性质。同时,Schmidt和Almon（1983）指出在始成岩、中成岩及晚成岩的各种成岩环境均能形成成岩圈闭,控制成岩圈闭形成的直接因素有:（1）结构和矿物成分;（2）石化程度;（3）埋藏史;（4）流体特征及充填孔隙介质的化学成分、压力及运移史;（5）地热史;（6）构造应力。这些因素又受岩性、构造史、构造位置以及与不整合或断层的空间关系等参数控制。

Douglas（1986）认为成岩圈闭形成的原因,即埋藏期引起砂岩发生差异变化有以下四个原因。（1）埋藏史的不同:由于构造和沉降的复杂性,不同地点的砂岩可能经受不同总深度的埋藏,由于不断加强的胶结作用和发育的次生孔隙,孔隙度通常随深度变化。因此,理论上一个孤立的砂岩层在埋藏较深处可能发育多孔带,形成成岩圈闭（图1-2）。（2）砂岩原始成分的不同:因为各种矿物在化学和机械稳定性上差异很大,因此砂岩的原始矿物对成岩作用过程和产物有明显控制作用,由此引起的成岩作用的局部变化可能产生与周围岩石显著不同的岩石带,形成成岩圈闭,如图 1-3 所示,燧石质砾岩中保存了大量原生孔隙,深部砂岩经过成岩作用变得致密,盖住砾岩。上倾方向的多孔砂岩未经受强烈的成岩作用,通常为水饱和砂岩。(3)早期成岩矿物:地下浅部的胶结作用或不稳定矿物的溶滤可以改变沉积物的矿物成分,早期成岩变化所形成的圈闭取决于沉积环境或埋藏史的变化。(4)砂岩中流体含量和性质的不同。该类型即 Wilson(1977)提出的成岩圈闭形成模式。

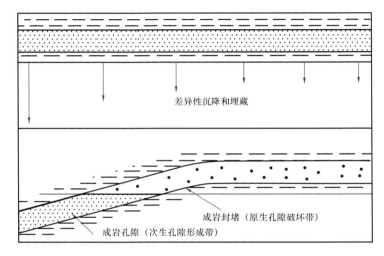

图 1-2　原始均质砂岩发展成为成岩圈闭机理图(据 Douglas,1986)

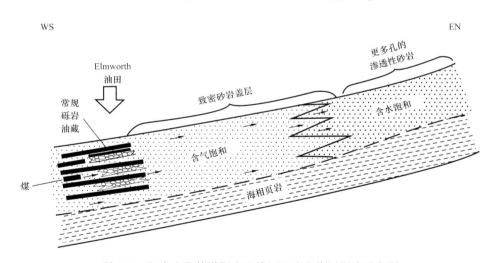

图 1-3　加拿大艾伯塔斯皮里特河组成岩作用影响示意图

　　Wilson(1990)通过德国西南部的达卢姆油田和挪威北海埃科菲斯克油田的实例证实油气藏内外成岩作用特征指示石油早期进入圈闭后经历差异压实作用形成了成岩圈闭。

　　Meshri 和 Comer(1990)研究了艾伯塔省西南部白垩系砂岩中的成岩圈闭,认为成岩胶结物的空间配置是导致成岩圈闭中孔隙发育带和非孔隙发育带形成的原因,而成岩胶结物的空间配置是地球化学自组织作用的结果。

　　周文(1991)对川西汉王场构造上三叠统汉1井香二段成岩圈闭的形成过程进行研究,结果表明古圈闭的存在与成岩作用过程对汉1井成岩圈闭的形成起到了决定作用,古圈闭的形成为香一段早期生成的油气运聚于古圈闭中提供了必要条件,油气进入储层孔隙抑制了储层的胶结作用造成产层带较非产层带胶结物少,同时,油气运移带来的CO_2气体促使油气层中先期沉淀的$CaCO_3$胶结物溶解,形成次生溶孔和钙离子,钙离子随气的排水作用向下迁移至气水界面下重新沉淀形成底部封隔带,从而形成成岩圈闭。

　　纪友亮等(1995)研究后指出,东濮凹陷深部地层酸性流体的热循环对流作用使储层下倾部位的颗粒及胶结物遭受溶蚀形成次生储集空间,溶解物质在上倾部位沉淀形成致密封堵层,封堵层的遮挡作用形成了成岩圈闭。东濮凹陷已发现了白庙、李屯、文东、杜寨等成岩圈闭(图1-4,图1-5)。

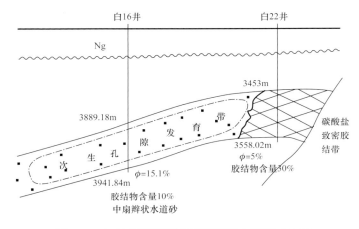

图1-4　白庙成岩圈闭剖面图(据纪友亮等,1995)

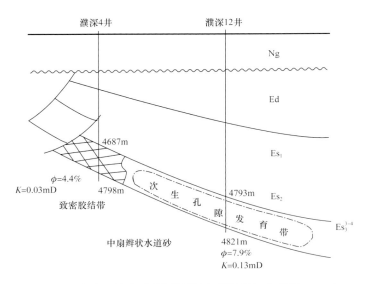

图1-5　文东—杜寨成岩圈闭横剖面图(据纪友亮等,1995)

　　杨昀（1996）探讨了鄂尔多斯盆地南部中生界成岩圈闭的成因,认为成岩圈闭的形成条件是砂岩层的不同部分在埋藏期间有不同的成岩作用的反应。其形成阶段可以分为:（1）压实致密带形成阶段;（2）砂体边缘部位致密带形成阶段;（3）改造溶蚀孔隙发育阶段;（4）成岩遮挡和油水界面低渗透带形成阶段。

　　曾小英（1999）认为川西坳陷上侏罗统蓬莱镇组在晚成岩 A_1 期发生大规模溶解作用形成储集空间并聚集油气形成了气藏,气藏顶、底部位由于孔隙水中携带有大量溶解的 Ca^{2+}、Mg^{2+},温度、压力发生变化时,形成方解石、硬石膏胶结物,使储层变致密形成气层的夹层或隔层,成为成岩封结气藏。

　　周劲松（1999）指出成岩圈闭的形成条件有:（1）必须存在成岩致密遮挡岩;（2）成岩致密遮挡岩必须位于构造上方,即成岩遮挡位于油气运移的上方;（3）储层上、下方的封隔及侧向遮挡;（4）成岩圈闭的形成时间必须早于或同于油气二次运移开始的时间。

　　宋铁星等（2001）在研究松辽盆地次生岩性圈闭时总结出成岩圈闭多形成于深部地层中晚成岩阶段,且成岩圈闭是次生孔隙发育带和致密带形成的结果。孔隙中的流体溶解岩石中的不稳定矿物形成次生孔隙,而溶解后的矿物质被搬运到其他地区沉淀下来形成致密带。松辽盆地高地温的特性决定了在地温变化较大的构造斜坡带,较深部位发生溶解的较高温度的流体,与较浅部位的流体发生对流,沉淀在低温处析出形成致密层,从而形成成岩圈闭。

　　南珺祥等（2001）通过研究长庆气田白云岩储层中的成岩圈闭,认为碳酸盐岩孔洞缝系统被后期成岩作用所形成的方解石、硬石膏所充填,形成成岩致密带,被白云石、硅质及高岭石等充填则会形成物性相对较好的储层,成岩致密带对物性较好的储层进行封堵,就会形成成岩圈闭。长庆气田中与成岩作用有关的圈闭大体可以分四种类型:构造上倾方向成岩致密带圈闭、差异溶蚀成岩圈闭、地貌（沟槽）成岩复合圈闭、埋藏白云化成岩圈闭,其中以构造上倾方向成岩致密带圈闭最为发育。

　　王英民等（2002）提出,在一定条件下,压力封存箱可以视为巨大的成岩圈闭,因为其封隔层顶板是非渗透层,既可以封闭压力,也可以封堵油气,如果封隔层还构成侧向封堵,就可能形成巨型成岩圈闭。

　　王文革（2003）认为碳酸盐岩成岩圈闭的形成,主要取决于胶结作用、溶解作用和交代作用的相对强弱及在不同部位的差异;碎屑岩成岩圈闭的形成,除胶结作用、溶解作用外,压实、压溶、重结晶和交代等作用也强烈地影响孔渗性的变化,最终分化出储层和遮挡层。

　　Grau 等（2003）利用地震属性和水平井描述了加利福尼亚州圣华金河谷中新统蒙特利页岩中的成岩圈闭。认为随着硅质页岩埋深增加,蛋白石 CT 相逐渐转化为石英相,期间孔隙度及其他岩石性质发生巨大改变,利用地震数据和模拟对不同成岩相进行了识别和成图。沙夫特北部和罗斯（North Shafter and Rose）油田中,硅质成岩作用和干酪根成熟的良好时机形成了多孔的油气充注储层,而上倾方向则为低孔隙度的蛋白石 CT 相,无油气充注,由于其遮挡而形成成岩圈闭（图 1-6）。

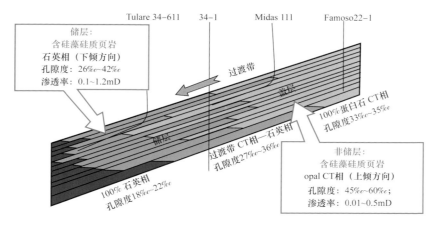

图 1-6 成岩圈闭图示（据 Grau 等,2003）上倾方向非储层蛋白石 CT 相
（含硅藻硅质页岩）逐渐转化为下倾方向储层石英相（含硅藻硅质页岩）

钟大康等（2003）提出济阳坳陷古近系砂岩经历了压实、胶结、溶蚀等多种成岩作用,这些成岩作用在纵向上形成了两个致密带和两个次生孔隙带,致密带与孔隙带的有利配合构成了三种成岩圈闭类型。上部致密带的形成主要与细粒粉砂岩、泥质粉砂岩所经历的强烈的压实作用和早期碳酸盐胶结作用有关,与下部 1650～2500m 的次生孔隙带配置形成了浅部成岩圈闭。下部致密带的成因与粉砂岩、泥质粉砂岩和部分分选较差的砾状砂岩多期（早期和晚期的碳酸盐胶结）多种（碳酸盐、石英次生加大和黏土矿物胶结）胶结作用有关,与地下深部（3200m 以深）次生孔隙带配置形成了深部成岩圈闭（图 1-7）。另外,在深埋藏条件下砂岩透镜体或砂泥岩互层的情况下,由于砂岩内部和边缘成岩作用的差异,在透镜体表面或砂岩层顶底形成致密层,从而构成成岩圈闭（图 1-8、图 1-9）。

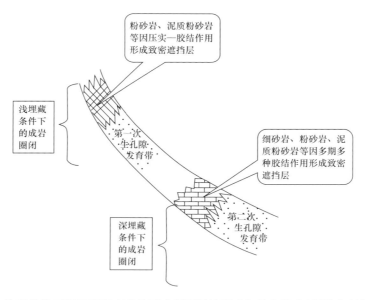

图 1-7 济阳坳陷不同埋藏深度条件下成岩圈闭的形成与分布模式（据钟大康等,2003）

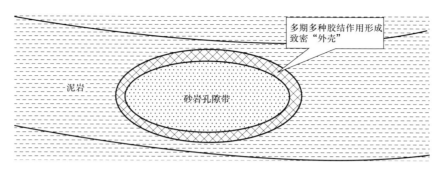

图 1-8　深埋藏条件下透镜状砂岩体成岩圈闭成因模式(据钟大康等,2003)

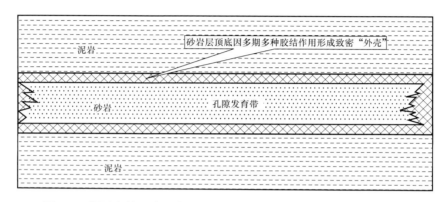

图 1-9　深埋条件下砂泥岩互层成岩圈闭成因模式(据钟大康等,2003)

　　饶孟余等(2006)指出,成岩作用对砂岩透镜体这类成岩圈闭的形成和发育的控制作用主要表现在:一方面因建设性成岩作用形成次生孔隙构成良好的储层,另一方面在砂岩透镜体四周因成岩作用形成致密遮挡层。成岩圈闭的形成大致可以分为以下阶段:(1)压实致密带形成初期阶段;(2)溶蚀孔隙发育和砂体边缘部位致密带形成阶段;(3)成藏后的油水界面低渗透带形成阶段。

　　李阳(2006)对惠民凹陷基山砂体成岩圈闭类型和形成机制进行了概括。成岩作用对砂岩储集性的影响主要体现在封闭环境中由于欠压实作用使原生孔隙得以保存以及开放体系中溶蚀作用形成次生孔隙发育带两个方面;在封盖条件方面,泥岩压实排水、颗粒重排和黏土矿物的转化可以形成区域规模的盖层,成岩矿物的局部集中分布可以构成局部的盖层。

　　张刘平等(2007)应用偏光显微镜、荧光显微镜、包裹体均一温度、拉曼光谱测试等手段研究了鄂尔多斯盆地榆林气田内的成岩作用历史,揭示出三期地质流体的活动,分别发生在晚三叠世、晚侏罗世和早白垩世末期,并发现圈闭的形成明显受成岩作用影响。在第一和第二期流体作用期间,酸性流体进入了储层,引起溶蚀和胶结作用,储层的孔渗条件得到一定程度的改善,但是此后盆地再次沉降引起的再压实作用使得储层致密化。到早白垩世末期,盆地内古生界主力气源岩进入大规模生排期,气田上倾部位的气水过渡带内胶结作用继续进行,进一步降低了孔隙度和渗透率。榆林气田的成藏机理因此发生了从深盆气到成岩圈闭的转换,有利于较长时间地保留天然气。

Taher 等(2010)对阿布扎比陆上西南部地区 Mishrif 组的成岩圈闭进行了研究。通过大量地震解释结果排除了 B 井中油气存在四向倾斜闭合的可能性,地震模拟和属性分析结果表明最可能的圈闭机制为沉积圈闭(高能、良好的储层被非储层潟湖相泥岩包围)或成岩圈闭(淋溶碳酸盐岩位于古地形近陆暴露浅滩的两侧)。

杨学文等(2007)及旷红伟等(2008)对准噶尔盆地夏 9 井区成岩圈闭的研究表明:成岩遮挡的强度取决于储层的物性条件,物性条件越差,成岩遮挡强度越大;物性条件越好,成岩遮挡强度越低,直至不能形成有效遮挡。成岩圈闭规模与储层的物性优劣呈负相关关系。此外,旷红伟等(2008)还认为具构造坡度变缓带的鼻状构造,有着形成成岩圈闭的可能性,应作为目标靶区进行勘探。

司学强等(2008)在研究英吉苏凹陷英南 2 成岩圈闭后进行指出,不稳定碎屑溶蚀相控制的砂岩可以成为良好的储层,而混层黏土胶结相和泥质杂基压实充填相控制的砂岩则可以成为优质盖层,从而形成成岩圈闭。

郎静(2008)通过研究歧口凹陷斜坡区的近岸水下扇指出,由于埋深和差异沉降作用,导致了在不同地区同一砂岩层中出现胶结、压实、压溶等成岩作用的加强,使孔隙度随深度不同而发生变化,在一定的深度形成次生孔隙带,而在浅部发育致密带,从而形成成岩圈闭。

邹才能等(2009)将低孔渗气藏划分为岩性圈闭气藏、成岩圈闭气藏和毛细管压力圈闭气藏(深盆气藏),并将三者的成藏机制进行了对比(表1-1)。

表1-1　邹才能等(2009)岩性圈闭气藏、成岩圈闭气藏和深盆气藏成藏机制对比

项别	对比分析		
	岩性圈闭气藏	成岩圈闭气藏	深盆气藏
圈闭形成机制	岩性遮挡,圈闭边界分明	物性遮挡,圈闭边界不完全固定,尤其在物性渐变的情况下	毛细管压力遮挡,动态圈闭
运移机制	气进水出,气水交互式	气进入甜点储层,差异汇聚式	针筒式或活塞推移式
成藏动力机制	以毛细管压力差为主的多重动力机制(烃浓度压差、盐度扩散压差、浮力等)	欠压实和生烃增压,成岩圈闭内外存在压力差,视孔渗情况,浮力会起一定作用	气体膨胀(紧邻烃源岩,生排烃增压)形成的源—储压力差,浮力不起作用
成藏阻力	砂体边界泥质充填或钙质胶结,在无断层沟通的情况下即使在源内也不能成藏	物性隔层或阻流区(致密胶结或强压实)影响天然气的运移汇聚	毛细管阻力是天然气运移的阻力,渗透率越低,阻力越大
渗流机理	以达西流为主,视孔渗情况,低孔渗储层存在非达西渗流现象	受孔渗和含水饱和度控制,可存在达西流和非达西流双重渗流机理	天然气以非达西流渗流为主
后生变化	分布极为稳定,圈闭边界分明,外围被致密泥岩围堵或遮挡。受后期构造调整和破坏影响弱	圈闭内储集体物性下限和空间范围受制于气藏压力,圈闭界限随充满度和供气压力变化会发生一定程度的变化	毛细管压力圈是一种动态圈闭,随着供气压力的变化圈闭界限在不断变化

续表

项别	对比分析		
	岩性圈闭气藏	成岩圈闭气藏	深盆气藏
分布控制因素	三角洲平原—前缘带、前三角洲砂地比较低、砂泥岩交互的地区	高砂地比的连片砂体中物性好的区域(即砂中好砂)	湖盆中心及斜坡低部位低渗透砂岩分布区
富集因素	高能沉积相(主河道、心滩)	建设性成岩相(次生溶蚀相等)	甜点(局部高孔渗区)
气水关系	分布复杂,受物性控制	受物性控制,可有多种类型	气水倒置型
气藏实例	川中磨溪气田磨147磨25井区	苏里格气田苏38-16-4井区	榆林气田李华1-榆11井区

Al-Darmaki 等(2009)和 Taher 等(2010)认为成岩圈闭中油藏的形成反映了驱动石油在岩层中运移的浮力和低渗透层的毛细管压力之间的平衡状态,成岩圈闭形成的唯一需求是排替压力(毛细管压力)大于运移动力(浮力)。对于在早期石油运移过程中排出的较大的油分子而言,较小的孔喉将大大提高封盖能力,从而可形成更长的油柱,这种类型的成岩圈闭在阿布扎比陆上西南部地区的 Mishrif 组中较为普遍。

Hu 等(2016)总结阿布扎比东部地区的构造—成岩圈闭是古构造圈闭、成岩作用以及与扎格罗斯(Zagros)运动引起的油气二次运移综合作用形成的。

总之,成岩圈闭是古构造圈闭、成岩作用和后期构造运动共同作用形成的,影响成岩圈闭形成的因素有沉积相、溶蚀作用、成岩作用、流体性质、断层作用及排替压力等,其中以沉积相、成岩作用及流体性质为主要影响因素。常见的非储层转变为储层的成岩作用主要包括溶解作用、部分交代作用、重结晶作用以及角砾化和裂缝化,储层转变为非储层的成岩作用主要包括机械压实作用、胶结作用、压溶作用以及部分交代作用。

(二)分布规律及预测方法

周劲松(1999)总结认为成岩圈闭的分布深度一般大于2500m,其中碎屑岩中的成岩圈闭多分布于盆地的斜坡带上,碳酸盐岩中的成岩圈闭则多分布于曾经的水体汇聚区或膏盐层下部的地层中,并认为碎屑岩成岩圈闭多分布于三角洲或扇三角洲前缘亚相中,而碳酸盐岩成岩圈闭则似乎与沉积相带关系不甚密切。王文革(2003)总结成岩圈闭的分布特征为:(1)成岩圈闭的分布主要受古构造产状及古油气藏范围的控制。据今构造产状划分两大类:第一类,分布于现代隆起、背斜顶部,如俄罗斯地台伊尔库茨克地区的布拉茨克、沙曼诺成岩圈闭油气藏等;第二类,分布于单斜和向斜,如加拿大马更些河流三角洲中的成岩油气藏。(2)成岩油气藏多分布于陆源地层中,在碳酸盐岩地层中亦有分布。(3)成岩油气藏在古生界到新生界中都有分布,多分布于遭受过较深的成岩及后生作用地层中,尤其在退后生作用叠加于进后生作用的地层中。(4)成岩油气藏不仅分布于高压高温的深层(>4000m),而且还可以分布于浅部水交替带,成岩油气藏由于被不渗透岩石封结而保存条件良好,一般在很长的地质时期中可以得到保存,但在长时间的扩散作用下,部分油气的逸散是不可避免的,按油气藏规模来讲,中、小型者占多数。Hickman 和 Kent(2005)提出成岩圈闭多发生于热液聚集且存在纵向流动的区域。

Wilson（1977）认为如果石油的运移发生在翘起或者褶皱运动之前，就有必要查明是否存在成岩圈闭的可能性，同时成岩圈闭是一种古圈闭，因此可以通过研究古构造的方法寻找这种圈闭。谢志杰等（1992）根据马岭油田南一试验区延10成岩圈闭油藏特点，利用古构造分析法，拟合油藏自由水界面的位置，确定出自由水界面上储层高程与含油（水）饱和度的关系曲线，预测含油饱和度及其分布，获得较好效果。丘东洲（1992）认为寻找成岩圈闭，除应在沉积相基础上进行成岩作用研究外，对不整合、地下水异常带、断裂带也应予以特别注意，因为它们常常是控制成岩作用的因素和寻找成岩圈闭的线索。金振奎等（2002）认为可根据不同埋藏深度、不同成岩阶段孔隙发育和保存的特征，确定胶结带与次生溶蚀带之间的深度界限，从而预测成岩圈闭分布。王英民等（2003）在化学动力学及热力学、流体动力学和弥散动力学等理论的基础上，建立古岩溶储层岩溶斜坡地质模型和数学模型，对模型的承压流、潜流模式流体岩石系统进行动力学模拟研究，从动力学角度定量研究了古岩溶储层流体—岩石系统的孔隙度变化及分布情况，从而预测古岩溶储层流体—岩石系统成岩圈闭形成的有利部位。李洪玺等（2013）根据阿姆河右岸西区成岩圈闭的勘探实践得出，成岩圈闭具有气水关系复杂、气水界面倾斜、一井一藏的特征，以研究古构造为出发点，利用岩心资料，结合储层预测研究成岩作用和储层发育，是勘探成岩圈闭的有效方法。

二、成岩圈闭分类方案

圈闭是储层和遮挡层（盖层）在空间上有效的组合，这种组合可通过许多独立的过程或者若干过程的复合得以形成。由于形成圈闭的主控因素不同，导致其形成过程存在差异，形成了不同类型的圈闭。越来越多的非构造圈闭发现后，勘探家试图对圈闭进行分类，但由于早期不同的勘探家强调的侧重点不同，如有的强调圈闭形成的过程，而有些则强调圈闭的形态，出现了许多圈闭的分类方案。

强子同等（1979，1981）提出碳酸盐岩成岩圈闭的形成有两个重要的因素：成岩作用（主要是胶结作用，其次是交代作用和溶解作用）和构造运动，前者形成遮挡条件，后者使油气在一定的部位保存。在成因上以这两个因素为出发点，将碳酸盐岩成岩圈闭划分为古构造型、成岩型和地层型三大类，再根据构造部位和成岩作用性质划分为8种亚类（表1-2）。

表 1-2　强子同等（1981）提出的碳酸盐岩成岩圈闭分类表

类型	亚类	成因	特征	形态
古构造型	背斜型	由于成岩作用（主要是胶结作用）造成严密的封闭条件，在现今构造形成之后，油气未重新调整，仍保存在古构造圈闭之内	与现今构造部分重叠，油气被封存，原始油水界面倾斜，油层压力与地层静压相当	

类型	亚类	成因	特征	形态
古构造型	构造鼻型	原始低平的古含油气圈闭为胶结作用封存,其后的构造运动使它向现今构造之外移动,逐渐脱离原构造部位,出现在斜坡上	在构造鼻或斜坡上,油气被封存,原始油水界面倾斜,油层压力与地层静压力相当	
古构造型	向斜型	原始低平的古含油气圈闭为胶结作用封存,其后的构造运动使它处于向斜中	在向斜区油气被封闭,原始油水界面略倾斜或不倾斜,油层压力与地层静压力相当	
成岩型	溶解型	溶解作用在碳酸盐岩中构成块状孔隙发育区,可形成良好的油气储集空间	圈闭形态不规则,非储层因局部溶解构成储集空间,孔隙具溶解特征。根据圈闭一侧处于开放或者为晚期胶结作用封存分为开放型和封存型圈闭,前者油层压力低于地静压力,后者油层压力近于地层静压力	开放型 封存型
成岩型	胶结型	碳酸盐岩中的某些孔隙层被胶结作用堵塞(靠近大陆一侧),另一侧(靠近海洋一侧)未发生胶结作用仍为孔隙层,这种差异性胶结起主导作用而形成油气圈闭	圈闭形态不太规则,储层的差异胶结形成上倾部分阻塞,与溶解型一样,仍可进一步分为开放型和封存型圈闭,其开放情况和压力关系同上	开放型 封存型
成岩型	白云石化型	白云石化可以使非渗透性的泥灰岩变成孔隙性和渗透性很好的白云岩	圈闭形态不规则,储层差异白云石化,与上二者相同,仍可进一步分为开放型和封闭型,开放情况与压力的关系亦同上	开放型 封存型
地层型	尖灭型	原始沉积尖灭或地层相变,使储层上倾部分被非渗透层阻挡,而储层中聚集的油气被成岩作用所封存构成的成岩圈闭	圈闭形态不规则,上被尖灭边缘所限制,下为胶结作用所封存,经构造变动可反向上翘,油层压力接近地层静压力	构造变动前 构造变动后
地层型	不整合型	油气圈闭被不整合面或侵蚀面上的非渗透层限制,并为成岩作用所封存	圈闭形态亦不规则,上被不整合面上的非渗透层阻塞,下被胶结作用所封存	构造变动前 构造变动后

颜其彬（1987）将我国非构造圈闭划分为沉积圈闭、成岩圈闭、水动力圈闭和复合圈闭，并将成岩圈闭划分为致密灰岩遮挡的圈闭、致密砂岩遮挡的圈闭及成岩裂缝圈闭（表1-3）。

表 1-3   颜其彬（1987）成岩圈闭分类方案

分类	成因机制	油气藏实例
致密灰岩遮挡的圈闭	碳酸盐岩因白云岩化作用增强使孔隙度增大形成储层，储层周围被低渗透的致密灰岩遮挡而形成的圈闭	四川盆地卧龙河气田三叠系嘉五气藏
致密砂岩遮挡的圈闭	致密砂岩中，由于胶结物被溶蚀或黏土矿物排出层间水后的收缩作用，使孔隙再分配，形成相对高渗透区，从而形成的成岩圈闭。或者储集岩层因后期的胶结、充填和压实作用使储层局部范围物性变差，组成岩性（物性）遮挡的成岩圈闭	南襄盆地双河油田核三段部分砂岩油层
成岩裂缝圈闭	在成岩过程中，因高压泥岩的膨胀、黏土矿物排出层间水后的收缩或选择性溶蚀等多种成岩作用的控制而形成的裂缝，称为成岩裂缝圈闭	柴达木盆地油泉子油田中新统油气藏

周劲松（1999）根据成岩圈闭的形态及其他圈闭要素的配置关系将中国已发现的成岩圈闭划分为：上倾型遮挡成岩圈闭、古地貌—成岩复合圈闭、构造—成岩复合圈闭、埋藏白云化成岩圈闭、裂缝型成岩圈闭等类型（表1-4）。前三种是以破坏性成岩作用为主控因素，控制成岩致密遮挡岩的形成；而后两种则以建设性成岩作用为主控因素，控制储集体的形成。

表 1-4   周劲松（1999）成岩圈闭分类方案

分类	特征
上倾型遮挡成岩圈闭	中国已发现的碎屑岩成岩圈闭和部分碳酸盐岩成岩圈闭属此类型，这是一种典型的成岩圈闭。上倾方向为成岩致密遮挡岩，储层上、下均为泥岩或泥云岩等封隔
古地貌—成岩复合圈闭	这种圈闭有与古地貌圈闭相似的圈闭成因，即储层上方向为上覆泥岩封盖，不同的是该圈闭在储集体与泥岩之间多了套成岩致密遮挡岩，构成了储集体上方成岩与古地貌复合的圈闭类型
构造—成岩复合圈闭	多发育于构造单斜的局部鼻隆带或者是断层封隔区，鼻隆中的储集体上倾方向或断层隔的下方被成岩致密遮挡岩遮挡住便构成了这类复合圈闭，在碎屑岩和碳酸盐岩中均有分布
埋藏白云化成岩圈闭	仅发育于碳酸盐岩地层中，埋藏白云化作用对原岩物性有所改善，形成结晶较粗、似糖粒状结构的中—粗晶白云岩。其上方若未经埋藏白云化，原岩一般不具储集性能，因而可形成一种透镜状的成岩圈闭
裂缝型成岩圈闭	碳酸盐岩在漫长的成岩史中，往往伴生有大量的收缩缝、溶塌缝、角砾间缝等微细裂缝。受岩石组构和成岩强度的影响，裂缝在各地区发育程度不同。若某一裂缝发育区上方和两侧均为裂缝不发育的致密岩，则可构成裂缝型成岩圈闭。碳酸盐岩中仅发现为数不多的几例此类圈闭，碎屑岩中则尚未发现

赵追等（2001）通过对泌阳凹陷已发现的或预测的成岩圈闭的综合分析，将成岩圈闭分为胶结遮挡型、断层封堵型和透镜型三大类，并根据形态或成因进一步细分为9个亚类。

张运东（2005）认为成岩圈闭是隐蔽圈闭下岩性地层圈闭大类中的一种圈闭类型，其下可划分为成岩封堵型、岩溶型和裂缝型，邹才能等（2009）在此基础上补充了白云石化型成岩圈闭（表1-5）。

表 1-5　张运东（2005）和邹才能等（2009）成岩圈闭分类

类型	示意图	成因机制	实例
成岩封堵型		储层在侧向或上倾方向被致密化成岩形成的岩石封堵。该类型属于典型的成岩圈闭	川中广安
岩溶型		致密地层内部岩溶型储集体发育而形成的圈闭。该类型圈闭存在于碳酸盐岩地层中	鄂尔多斯奥陶系马四段
白云石化型		致密碳酸盐岩内部白云石化形成物性好的中粗晶白云岩储集体构成的圈闭。该类型圈闭存在于碳酸盐岩地层中	川东北飞仙关组鲕滩气藏
裂缝型		致密地层内部裂缝型储集体发育而形成的圈闭	川中莲池

　　宋国奇等（2012）将碎屑岩成岩圈闭的成因分为两类：一类是成岩事件型成岩圈闭，如川西坳陷须家河组古构造—成岩圈闭（曹烈等，2005）和准噶尔盆地侏罗系发育的、与压力封存箱有关的成岩圈闭等（王英民，2002），其形成与特殊地质条件下的成岩事件密切相关；另一类是差异流体型成岩圈闭，如泌阳凹陷核桃园组成岩圈闭（金振奎等，2001；赵追等，2001）和准噶尔盆地夏 9 井区成岩圈闭（旷红伟等，2008；杨学文，2007），其形成取决于差异流体控制下的差异成岩作用。

　　李宇志（2014）总结众多学者的观点认为根据成岩圈闭的形成机理，可以将成岩圈闭分为五类（表 1-6）。

表 1-6　李宇志（2014）成岩圈闭分类

类型	成岩机理
埋深差异成因型	由于埋深差异，最终形成上倾的砂岩，埋深与差异沉降型(开放体系)和热对流成因型(封闭体系)均由于成岩作用差异性，使砂岩上部形成致密封堵层
流体差异与构造活动成因型	油水界面处形成的钙质胶结层，将储层内的油气封存起来，加之后期构造活动，使得地层成为背斜或单斜，钙质胶结层成为封堵层，最终形成了成岩圈闭
砂泥岩互层成因型	泥岩内排出的 Ca^{2+}、Mg^{2+} 等在砂岩四周形成致密外壳或包壳，但由于内部胶结较弱，仍能保存早期溶孔，最终形成边部遮挡的成岩圈闭
裂缝成因型	因高压泥岩的膨胀、黏土矿物排出层间水后的收缩或选择性溶蚀等多种成岩作用的控制而形成的裂缝中聚集了油气
沉积组构差异性成因型	由于横向上原始沉积物的物质组成和沉积组构的差异，造成成岩过程中的物性演化存在差异，导致上部致密层封堵渗透层而形成成岩圈闭

上述强子同（1979，1981）、颜其彬（1987）、周劲松（1999）、赵追（2001）、张运东（2005）、邹才能（2009）、宋国奇（2012）、李宇志（2014）等国内学者从不同的角度对成岩圈闭做了分类研究，但从分类学的角度看均缺乏系统性。

Clapp（1929）、Wilson（1934）、Heroy（1941）、Wilhelm（1945）、Levorsen（1967）、Perrodon（1983）、North（1985）、Milton 和 Bertram（1992）等国外学者也提出过不同分类方案，但以文斯莱特（Richard R. Vincelette）、爱德华 A. 博蒙特（Edward A. Beaumont）和诺曼 H. 福斯特（Norman H. Foster）在爱德华 A. 博蒙特（Edward A. Beaumont）和诺曼 H. 福斯特（Norman H. Foster）主编的《Treatise of Petroleum Geology/Handbook of Petroleum Geology:Exploring for Oil and Gas Traps》一书中所采用与动、植物分类学相似的方法对圈闭进行更严格和更系统的分类（Vincelette 等，1999）最为全面，该圈闭分类考虑了储层、盖层和流体性质，以及这种性质是如何相互作用而形成闭合的，并以圈闭的空间几何形态、内部组成和圈闭界线成因为圈闭分类基础，将圈闭分为系、域、类和族四个级别。圈闭系是根据控制圈闭形成的地质要素类划分的，共划分出构造圈闭系、地层圈闭系和流体圈闭系等三个圈闭系。圈闭域是依据在圈闭系中引起圈闭形成的地质过程划分，圈闭类是依据在圈闭域中圈闭的几何形态和（或）组成划分，圈闭族是根据在圈闭类中圈闭的成因划分。按照该分类方案，在地层圈闭系中划分出沉积圈闭域、侵蚀圈闭域和成岩圈闭域三种。成岩圈闭域包含成岩储层和成岩封闭两个类别，同时在这两个类别下又分别提出了两个亚类，但对于族的分类只是简略列举了3个成岩作用类型（表 1-7），缺乏更深入的系统分类研究。

表 1-7　地层圈闭分类表（据 Vincelette 等，1999）

系	域	类	亚类	族
地层圈闭	沉积圈闭	……	……	……
	侵蚀圈闭	……	……	……
	成岩圈闭	成岩储层	次生白云岩储层	热液成岩作用（上升热卤水）
			淋滤（次生）孔隙	不整合面下成岩作用（溶解）
		成岩封闭	次生石膏隔层	不整合面下成岩作用（胶结）
			次生黏土隔层	

成岩圈闭的系统分类和研究程度远低于其他类型的圈闭，主要有两方面的原因，一是由于一些成岩过程目前还未被充分理解，导致成岩作用在圈闭形成过程中的重要性及在圈闭形成机制研究中还未得到高度重视。二是在圈闭勘探过程中，识别地下成岩圈闭的难度大，在预测技术层面还没有针对性强、预测精度高的方法技术，难以实现成岩圈闭的有效刻画。

通过对前人成岩圈闭分类的总结和对 Vincelette 等（1999）圈闭系统分类方案的吸收，本书提出了新的成岩圈闭分类方案（表 1-8）。该分类总体上参考 Vincelette 等的圈闭系统分类框架，将成岩圈闭作为域这一分类级别，依然归属于地层圈闭系，不同点在于对类和族

表1-8 本书成岩圈闭分类表

系	类	族 成因	亚族 岩性	典型油气藏	特征
地层圈闭 成岩圈闭	物性相对变化 成岩致密化型	压实作用型	碳酸盐岩	M-23 M-5 M-22 M-6（图例：气 水 断层）	阿姆河右岸西区碳酸盐岩成岩圈闭(李洪文等,2013)。油气发生在早期构造圈闭形成以后,后期强烈压实作用使经水界面以下储层强烈致密化成为早期油气的封堵和遮挡层
		胶结作用型	碎屑岩	a 原始圈闭 / b 含水带的成岩封堵 / c 成岩圈闭（油 水 气） EN WS Elmworth油田 常规砂岩油藏 致密砂岩岩层 含气倾油 更多孔的渗透性砂岩 各水相 稀相顶部	"冻结型"油气藏(Wilson,1975,1977;Lowry,1956)。成岩作用形成的油气圈闭是一种充填了油气的古圈闭,这种古构造或古地层的圈闭已经偏离了它的原来位置。古圈闭的开启时间晚于油水界面处的成岩封闭时间,因此油气由于晚期新上倾方向的渗透性遮挡而被保存 加拿大艾伯塔斯里特河组Elmworth油田(Douglas,1983)。砂岩原始成分的不同;各种矿物在化学和机械稳定性上变化很大,砂岩在原始矿物对成岩作用过程和产物有明显控制作用,由此引起的成岩作用形成的局部变化可能产生与周围岩石显著不同的成岩带,形成成岩圈闭

续表

系	域	类 物性相对变化	族 成因	亚族 岩性	典型油气藏	特征
	地层圈闭 成岩圈闭	成岩致密化型	胶结作用型	碎屑岩	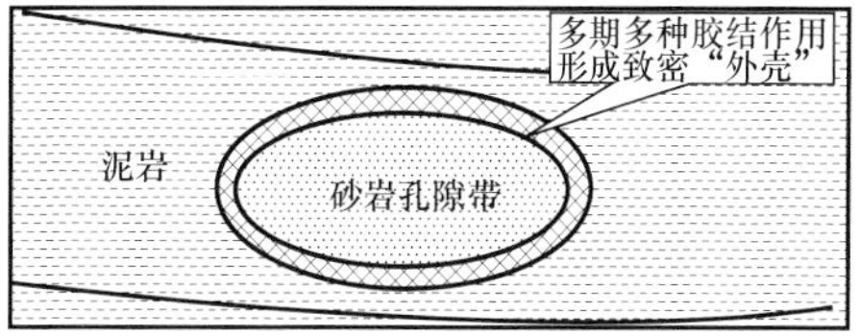 多期多种胶结作用形成致密层(外壳) 砂岩孔隙带 泥岩	深埋藏条件下透镜状砂岩体的成岩圈闭(钟大康和朱筱敏,2003)。深埋藏条件下砂岩透镜体或泥岩互层的情况下,由于砂岩内部和边缘成岩作用的差异,在透镜体表面或砂岩层顶底形成致密层,从而构成成岩圈闭
				碳酸盐岩	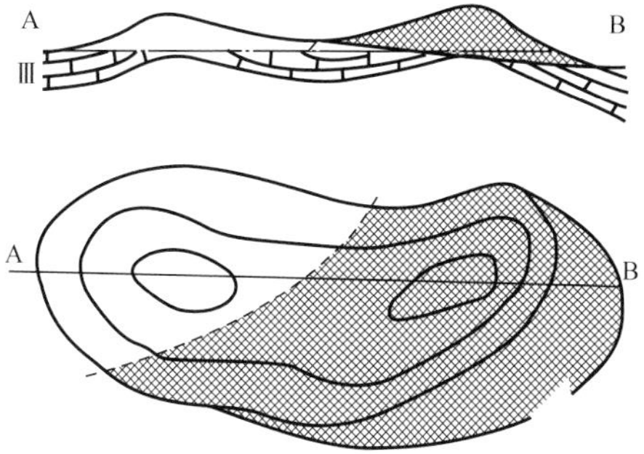 A III B A B	四川盆地下侏罗统自流井组大安寨段"双四角"含油构造碳酸盐岩成岩圈闭(强子同等,1981)。自下侏罗统大安寨石灰岩沉积之后,工业油气往一定部位聚集,由于成岩作用(主要是第二世代的粒间和粒内孔隙被彻底收缩,油气圈闭周围孔隙性和孔隙的连通性变得极差,从而形成成岩圈闭
		成岩储层型	溶解作用型	碎屑岩	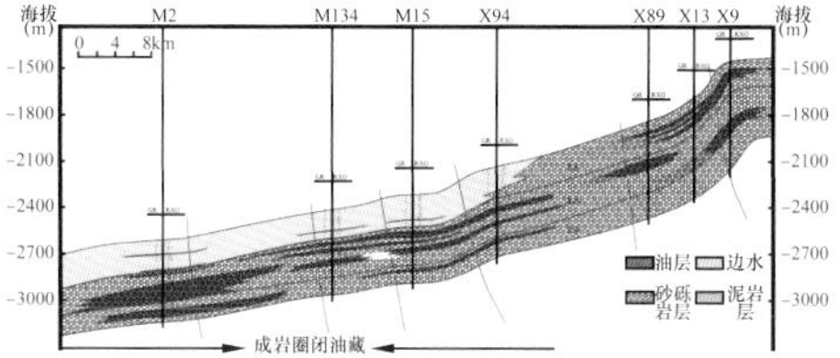 X89 X13 X9 X04 M15 M134 M2 84井 油层 出水 岩层 成岩圈闭油藏	准噶尔盆地玛湖凹陷三叠系砾岩成岩圈闭油气藏。扇三角洲前缘相砾岩中的长石和砾岩发生溶解作用,形成次生孔隙储层,未发生溶解作用的砂砾岩为圈闭遮挡层(潘建国等,2015)

17

续表

系	域	类	族 成因	亚族 岩性	典型油气藏	特征
地层圈闭	成岩圈闭	物性相对变化 成岩储层化型	溶解 作用型	碳酸盐岩	Tz58 Tz169	内幕岩溶岩圈闭。有机质热演化过程中产生的酸性地层水沿断裂和裂缝发生碳酸盐矿物溶解作用，形成各种规模较大的溶蚀型孔洞，产生新的储层（塔中58井奥陶系油气藏）
			重结晶 作用型	碎屑岩	Tulare 34-611 34-1 Midas 111 Famoso22-1 过渡带 储层：含硅藻硅质页岩（下倾方向）孔隙度：26%~42% 渗透率：0.1~1.2mD 100% 石英相（下倾方向）孔隙度25%~25% 100% 蛋白石CT相（上倾方向）孔隙度39%~35% 非储层 含硅藻硅质页岩 opal CT相（上倾方向）孔隙度：45%~60% 渗透率：0.01~0.5mD	加利福尼亚州圣华金河谷中新统蒙特利页岩中的成岩圈闭（Grau，2003）。随着硅质页岩埋深增加，蛋白石、蛋白石CT相逐渐转化为石英相，物性变好，形成新储层。上倾方向蛋白石CT相页岩致密带遮挡形成成岩圈闭
			白云岩化 作用型	碳酸盐岩	泥灰盖层 石灰岩 白云岩 硅质岩 大理岩化带 蚀变交代岩类 角砾岩化带 火成岩 断层 热液方向 裂缝系统 古潜山面	内幕热液白云岩圈闭，由于早期形成的白云岩受火成岩的影响，侵入岩所携带的富镁热液及大量 CO_2 和 H_2S 等气体，深入周岩中发生白云化和白云石的重结晶作用，导致晶间孔的发育而形成新的储层（塔中162井奥陶系内幕白云岩油气藏，英买32井寒武系白云岩内幕白云岩油气藏）

续表

系	域	类	族 成因	亚族 岩性	典型油气藏	特征
地层圈闭	成岩圈闭	成岩储层化型 物性相对变化	成岩收缩缝型	碎屑岩	(图：松辽盆地古龙地区泥岩裂缝圈闭剖面示意图)	松辽盆地古龙地区青山口组泥岩裂缝圈闭油藏(霍凤龙,2012)。由沉积—成岩—成因层同裂缝,成岩收缩裂缝等非构造缝及其伴生构造缝成圈闭作用形成的新储集构造圈闭的主要储集空间
				碎屑岩	(图：桥24井 4691.6m,桥20井 4580m,桥25井 4159m,4848.6m;收结致密带;中扇辫状水道砂体;中扇辫状水道砂体构造翼部;中扇辫状水道砂高部位构造高部位)	东濮凹陷桥口李屯成岩圈闭(纪友亮等,1995)。储层以湖底扇中浊状水道砂生浴蚀层储层。上倾方向为铁白云石、方解石胶结湖底扇中浊状水道砂致密层遮挡,形成成岩圈闭
		成岩复合型		碳酸盐岩	(图：海拔(m) -2100、-2150;陕42、陕8、陕4、陕16;马五;孔洞全充填;孔洞未充填、半充填)	长庆气田奥陶组马家沟组白云岩成岩圈闭(南珺祥和杨奕华,2001)。白云岩储层经历了准同生白云化及缺钙同沉积阶段,地表一浅埋藏阶段压实作用和方解石交代大气淡水溶解阶段,表生岩溶改造阶段,浅埋藏阶段的去白云化作用及溶孔充填作用,深埋藏阶段带遮挡,差异溶蚀,成岩复合—地貌—成岩圈闭化等复杂成岩圈闭类型

进行了细化分类。前面提到类是依据在圈闭域中圈闭的几何形态和(或)组成划分的,对成岩圈闭类的划分主要依据构成圈闭储层和遮挡层的物性相对变化,即由于成岩作用导致形成新的圈闭遮挡层、新的圈闭储层以及新的圈闭遮挡层和储层同时形成等三类,可分别定义为成岩致密化型、成岩储层化型和成岩复合型。成岩致密化型强调成岩圈闭的形成是在已有储层的基础上,由于成岩作用导致储层致密化而形成圈闭遮挡层,新的圈闭遮挡层与原有储层两者在空间上有效组合形成了圈闭。成岩储层化型正好与其相反,即在原有非储层基础上,由于成岩作用导致非储层转化为储层,新的储层与原有非储层(遮挡层)两者在空间上有效组合形成了圈闭。成岩复合型强调由成岩作用形成的新储层和新遮挡层在圈闭形成中同时存在。圈闭族是根据在圈闭类中圈闭的成因划分的,对成岩圈闭族的划分是按照形成新储层、新遮挡层的成岩作用成因分别对3类成岩圈闭进一步细分类。根据致密层形成的主要成岩作用类型,将成岩致密化型分为压实作用型和胶结作用型两个族;按照同样的方式将成岩储层型分为溶解作用型、重结晶作用型、白云岩化作用型和成岩收缩缝型4个族;成岩复合型由于存在多种成岩过程,故不再做族的划分。在勘探实践中,还存在划分为同一族的成岩圈闭,在具体形成过程中存在明显的形成机理差异,如同样归属于成岩储层化型(类)、溶解作用型(族)的碳酸盐岩成岩圈闭和碎屑岩成岩圈闭两者溶解作用机理是完全不同的,因此有必要进一步将族按照岩性的不同划分为亚族,目的是为了更好地理解成岩圈闭的形成机理。通过上述成岩圈闭分类,可以对划分出的任何一个亚族成岩圈闭进行反向形成机理追溯,来确定具体成岩圈闭的形成机理及其分类归属,使每个具体成岩圈闭具有其独特性,达到了圈闭分类的目的,为成岩圈闭勘探提供依据。当然,随着成岩作用研究的日益深入和勘探实践的不断探索,会不断有新的成岩圈闭类型出现,将不断纳入本分类方案框架中,使成岩圈闭的分类更具系统性和完整性。

第三节　砾岩成岩圈闭研究现状

目前国内外成岩圈闭的研究多集中在碳酸盐岩和砂岩这两种岩石类型上。不少学者研究了砾岩储层中的成岩作用和其对储层物性的影响,研究主要集中在渤南洼陷北部陡坡带(昝灵等,2011a,b,2011;马奔奔等,2015)、秦南凹陷(王冠民等,2018)、东营凹陷北部陡坡带(张鑫等,2008;杨元亮,2011;田美荣,2011;刘鑫金,2012;王淑萍等,2014;闫建平等,2016;王永诗等,2016)、车镇凹陷(马奔奔等,2014;操应长等,2015)和准噶尔盆地西北缘(张顺存等,2010、2015和2018;何周等,2011;朱世发等,2011;鲁新川等a,b,2012;王伟等,2016;单祥等,2016;靳军等,2017;许琳等,2018)等地区,而提及砾岩成岩圈闭概念的研究非常少(宋国奇等,2012;贾光华等,2012;李宇志,2014;刘慧民等,2015;潘建国等,2015)。

宋国奇等(2012)提出东营凹陷北部陡坡带砂砾岩体发育扇根封堵的成岩圈闭,其研究结果表明,扇根以杂基支撑的砾岩相为主,杂基含量高,抗压实能力弱,机械压实作用阶段,其原生孔隙不易保存,在碱性为主的成岩环境下,以重结晶作用为主,孔隙度、渗透率持续降低;扇中以砂质杂基支撑或颗粒支撑的砾质砂岩相和含砾砂岩相为主,杂基含量较少,抗压实能力较强,在酸性和碱性交替的成岩环境下,成岩作用多样,形成多个次生孔隙发育带。宋国奇等(2012)总结岩相组构是形成成岩圈闭的物质基础,而扇中和扇根的差异成岩演化控制下的物性差异是形成扇根封堵成岩圈闭的内在机制,成岩圈闭的形成主要受到沉积层序、岩相组构和成岩流体的影响。李宇志从储层特征、物性演化、圈闭封堵机理、封堵能力和封堵时间等方面对盐家地区沙四段上亚段砂砾岩成岩圈闭的成因机制进行了研究。刘慧民等(2015)对该砂砾岩扇体成岩圈闭的有效性进行了评价,扇根与扇中之间的突破压力差决定了封堵油气的高度,而对于发育异常压力系统的砂砾岩扇体成岩圈闭还需考虑异常压力系统对圈闭封闭能力的影响。王永诗等(2016)研究了东营凹陷北部陡坡带砂砾岩纵向上主要发育的两个孔隙发育带,沙三段中—下亚段孔隙发育带以原生孔隙为主,受沉积作用控制;沙四段上亚段孔隙发育带以碳酸盐、长石和石英溶蚀的次生孔隙为主,主要受成岩作用控制,并提出其成藏模式(图1–10)。

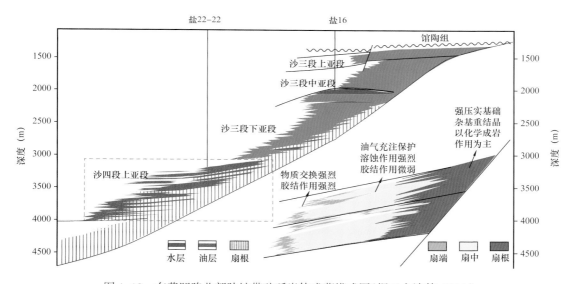

图1–10 东营凹陷北部陡坡带砂砾岩体成藏模式图(据王永诗等,2016)

潘建国等(2015)提出,在准噶尔盆地玛湖凹陷三叠系百口泉组中发育的受沉积相和成岩相共同控制而形成的砾岩成岩圈闭是成岩圈闭中一种重要的成因类型,其研究结果表明百口泉组砾岩成岩圈闭主要分布在由通源断裂和古鼻状构造构成的流体优势运移通道上具有成藏优势,同时圈闭在平面上集群、纵向上叠置分布,具备了形成规模油气聚集的圈闭条件,是玛湖凹陷规模油气勘探的主要对象。玛湖凹陷百口泉组砾岩成岩圈闭主要由扇三角洲前缘次生孔隙储层、上倾方向部分扇三角洲前缘和扇三角洲平原成岩致密带、侧向遮挡带(前缘相砾岩致密层、水下分流河道间泥岩、其他物源体系的扇三角洲平原砾岩致密层)、不整合面风化黏土层或平原相砾岩致密层或湖泛泥岩底板和湖泛泥岩顶板构成。

目前,砾岩成岩圈闭的研究较少,但国内外有很多大型砾岩油气田,不少研究表明成岩作用在油气成藏过程中起着重要作用,这些油气田中存在砾岩成岩圈闭的可能性极大。

第四节　砾岩成岩圈闭油气藏研究意义

砾岩成岩圈闭作为一种新的圈闭类型在成岩圈闭的研究中具有其特殊性。新疆克拉玛依油田(姬玉婷和杨洪,1994;谭成仟等,2001;申本科等,2005;何辉等,2012)、河南双河油田(李联伍等,1997)、辽河油田西部凹陷(郭永强,2009)、大庆油田徐家围子地区(王祝文等,2003;黄布宙等,2003;齐井顺等,2009)、盐家油田(黄辉才和刘凯,2009;杨勇等,2009;李宇志,2014)、济阳坳陷(曹辉兰等,2001)、渤海湾盆地的东营凹陷(张鑫等,2008;杨元亮,2011;田美荣,2011;刘鑫金,2012;王淑萍等,2014;闫建平等,2016;王永诗等,2016)、华北油田廊固凹陷(朱庆忠等,2003;宋荣彩等,2006)、大港油田滩海地区(邵维志等,2004;李晓良,2008)以及美国帕克斯普林斯(Park Springs)砾岩油田(谈健康等,2013;朱越,2017)、库克湾盆地麦克阿瑟河油田(姬玉婷和杨洪,1994),加拿大西部盆地和阿根廷等地均发育砾岩油气藏(邵维志等,2004;李晓良,2008),不少研究表明成岩作用在油气成藏过程中起着重要作用,这些油气田中存在砾岩成岩圈闭的可能性极大,因此对于砾岩成岩圈闭的研究将有利于提高对砾岩油气藏的理论认识,并将指导后期砾岩油气藏的勘探与开发,有着重要的研究意义和实践意义。

从20世纪70年代成岩圈闭概念提出以来,不同学者在全球许多盆地中均发现碳酸盐岩或碎屑岩等不同岩石类型成岩圈闭的存在。国外在加拿大(Wilson,1977;Douglas,1983,1986;Meshri和Comer,1990)、美国(Becher和Moore,1979;Grau等,2003;Odland等,2005;Hickman和Kent,2005;Kidney等,2009;Dralus等,2011)、英国(Wilkinson等,2004)、波斯湾(Bashari,2005)、阿布扎比(Al-Darmaki等,2009;Taher等,2010;Hu等,2016)和土库曼斯坦(李洪玺等,2013)等地,国内在四川盆地(强子同,1979,1981;周文,1991;曾小英,1999;曹烈等,2002)、鄂尔多斯盆地(朱国华,1988;谢志杰等,1992;汤显明,1992;郝蜀民等,1993;杨昀,1996;南珺祥等,2001;王英民等,2003;张刘平等,2007)、渤海湾盆地(纪友亮等,1995;赵澄林等,1993;钟大康等,2003;王文革,2003;李阳,2006;饶孟余等,2006;郎静,2008;宋国奇等,2012;贾光华等,2012)、准噶尔盆地(王英民等,2002;杨学文等,2007;旷红伟等,2008)、塔里木盆地(司学强等,2008)、松辽盆地(宋轶星等,2001)、苏北盆地(于雯泉等,2012)、南襄盆地(颜其彬,1987;赵追等,2001;金振奎等,2002)和江汉盆地(颜其彬,1987)等地均发育成岩圈闭,目前研究表明成岩圈闭在低孔、低渗储层中分布广泛,具有单体规模小、集群式分布特征,是油气藏大型化成藏的重要圈闭类型,具有十分重大的勘探价值。因此,砾岩成岩圈闭油气藏理论和技术研究成果对大力推动其他领域成岩圈闭的研究和勘探开发也具有十分重要的指导意义。

参 考 文 献

Al-Darmaki F，Al-Zaabi M，Taher A K，et al. 2009. A Diagenetic Trap in Southwest Onshore Abu Dhabi［C］// EAGE Workshop on Detective Stories Behind Prospect Generation - Challenges and the Way Forward.

Allen J R，Allen，P A. 2005. Basin analysis：Principles and applications（2nd ed. ）［M］. Blackwell Scientific.

Bashari A. 2005. Petrographic，Petrophysics And Seismic Integration：an Approach to Delineation of Diagenetic Trap，Reshadat Oil Field In the Persian Gulf.［C］// 18th World Petroleum Congress.

Becher J W，Moore C H. 1976. The Walker Creek field：A Smackover diagenetic trap［J］. AAPG Bulletin,26,34-56.

Clapp F G. 1929. Role of Geologic Structural in Accumulations of Petroleum，Structure of Typical American Oilfields［J］. AAPG Bulletin,2：667-716.

D'Heur M. 1984. Porosity and hydrocarbon distribution in the North Sea chalk reservoirs［J］. Marine & Petroleum Geology,1（3）：211-238.

Douglas J C. 1986. Diagenetic Traps in Sandstones［J］. AAPG Bulletin,70（2）：155-160.

Douglas J C. 1983. Spirit River Formation— A Stratigraphic-Diagenetic Gas Trap in the Deep Basin of Alberta［J］. Am. Assoc. Pet. Geol. Bull. ;（United States）,67（4）：577-587.

Dralus D，Peters K E，Lewan M D，et al. Kinetics of the Opal-CT to Quartz Phase Transition Control Diagenetic Traps in Siliceous Shale Source Rock from the San Joaquin Basin and Hokkaido［C］// Search and Discovery Article #40771（2011）.

Grau A，Sterling R，Kidney A R. 2003. Success！ Using Seismic Attributes and Horizontal Drilling to Delineate and Exploit a Diagenetic Trap，Monterey Shale，San Joaquin Valley，California，#20011（2003）.［J］. Search & Discovery.

Heroy W B. 1941. Petroleum Geology，in 1888-1938［M］. Geological Society of America 50th Anniversary Volume,535-536.

Hickman R G，Kent W N. 2005. Systematic exploration approach for diagenetic traps advanced［J］. Oil & Gas Journal,103（42）：32-37.

Hu J，Caeiro M H，Jagger M，et al. 2016. Hybrid Structural-Diagenetic Trap Related with Zagros Tectonic Movement in Eastern Abu Dhabi［C］// Abu Dhabi International Petroleum Exhibition & Conference.

Kidney R，Arestad J，Grau A，et al. 2009. Delineation of a Diagenetic Trap Using P-Wave and Converted-Wave Seismic Data in the Miocene McLure Shale，San Joaquin Basin，California［C］// SEG-2009-4271.

Levorsen A I. 1967. Geology of Petroleum［M］. 2nd ed. San Francisco：W. H. Freeman and Co. 724.

Lowry W D. 1956. Factors in Loss of Porosity by Quartzose Sandstones of Virginia［J］. AAPG Bulletin,40（3）：489-500.

Meshri I D,1990. Comer J B. A subtle diagenetic trap in the Cretaceous Glauconite Sandstone of Southwest Alberta［J］. Earth Science Reviews,29（1）：199-214.

Milton N J and G T Bertram. 1992. Trap Styles：A New Classification Based on Sealing Surfaces［J］. AAPG Bulletin,76：983-999.

North F K. 1985. Petroleum Geology［M］. Boston，Allen and Unwin,553.

Odland S K, Patterson P E, Gustason E R. 1988. Amos Draw Field: A Diagenetic Trap Related to an Intraformational Unconformity in the Muddy Sandstone, Powder River Basin, Wyoming [J]. Wyoming Geological Association, 147-160.

Perrodon A. 1983. Dynamics of Oil and Gas Accumulations [J]. Bulletin des Centres de Recherches Exploration-Production Elf-Aquitaine, Memoir 5: 368.

Rittenhouse G. 1972. Stratigraphic Trap Classification [J]. AAPG Bulletin, 10, 14-28.

Schmidt V K, Almon W. 1983. Development of diagenetic seals in carbonates and sandstones [J]. AAPG Bulletin, 67 (3): 545-546.

Scholle. 1977. Chalk Diagenesis and Its Relation to Petroleum Exploration: Oil from Chalks, a Modern Miracle [J]. AAPG Bulletin, 61 (7): 982-1009.

Scholten R. 1959. Synchronous Highs: Preferential Habitat of Oil [J]. AAPG Bulletin, 43 (8): 1793-1834.

Taher A K, Azzam I N, Abdulla N A, et al. 2010. Mishrif Diagenetic Trapping Potential in Western Onshore Abu Dhabi [C] // Society of Petroleum Engineers.

Vincelette R R, Beaumont E A and Foster N H. 1999. Classification of Exploring traps Edward A. Beaumont and Norman H. Foster, eds. Treatise of Petroleum Geology Handbook of Petroleum Geology: Exploring for Oil and Gas Traps [M]. American Association of Petroleum Geologists, 3: 2-1~2-19.

Wilhelm O. 1945. Classification of Petroleum Reservoirs [J]. AAPG Bulletin, 29: 1537-1579.

Wilkinson M, Haszeldine R S, Ellam R M, et al. 2004. Hydrocarbon filling history from diagenetic evidence: Brent Group, UK North Sea [J]. Marine & Petroleum Geology, 21 (4): 443-455.

Wilson W B. 1934. Proposed Classification of Oil and Gas Reservoris, in W. E. Wrather and F. M. Lahee, eds., Problems of Petroleum Geology [M]. AAPG Sidney Powers Volume, 433-445.

Wilson H H. 1975. Time of Hydrocarbon Expulsion, Paradox for Geologists and Geochemists [J]. AAPG Bulletin, 59 (1): 69-84.

Wilson H H. 1977. "Frozen-In" Hydrocarbon Accumulations or Diagenetic Traps-Exploration Targets [J]. AAPG Bulletin, 61: 4 (4): 483-491.

Wilson H H. 1990. The Case for Early Generation and Accumulation of Oil [J]. Journal of Petroleum Geology, 13 (2): 127-156.

曹辉兰, 华仁民, 纪友亮, 等. 2001. 扇三角洲砂砾岩储层沉积特征及与储层物性的关系——以罗家油田沙四段砂砾岩体为例 [J]. 高校地质学报, 7 (2): 222-229.

曹烈, 安凤山, 王信. 2005. 川西坳陷须家河组气藏与古构造关系 [J]. 石油与天然气地质, 26 (2): 224-229.

操应长, 张少敏, 王艳忠, 等. 2015. 渤南洼陷近岸水下扇储层岩相——成岩相组合及其物性特征 [J]. 大庆石油地质与开发, 34 (2): 41-47.

窦立荣. 2001. 油气藏地质学概论 [M]. 北京: 石油工业出版社.

郭永强, 刘洛夫. 2009. 辽河西部凹陷沙三段岩性油气藏主控因素研究 [J]. 岩性油气藏, 21 (2): 19-23.

郝蜀民, 司建平. 1993. 鄂尔多斯盆地北部加里东期风化壳及其对油气储聚的控制 [J]. 天然气工业, 13 (5): 13-19.

何辉, 宋新民, 蒋有伟, 等. 2012. 砂砾岩储层非均质性及其对剩余油分布的影响——以克拉玛依油田二中西区八道湾组为例 [J]. 岩性油气藏, 24 (2): 117-123.

何周,史基安,唐勇,等.2011.准噶尔盆地西北缘二叠系碎屑岩储层成岩相与成岩演化研究[J].沉积学报, 29(6):1069-1078.

黄布宙,潘保芝,李周波.2003.大庆徐家围子地区深部致密砂砾岩气层识别[C].陆相油储地球物理理论 及三维地质图像成图方法学术交流会.

黄辉才,刘凯.2009.盐家油田砂砾岩油藏注水开发现状与问题探讨[J].内江科技,30(4):91-92.

霍风龙.2012.古龙地区泥岩裂缝油藏成藏条件及地球物理特征研究[D].浙江大学.

姬玉婷,杨洪.1994.克拉玛依油田与麦克阿瑟河油田砾岩油藏钻井工艺技术对比与分析[J].新疆石油科 技,(2):1-5.

贾光华,刘惠民,高永进,等.2012.东营北带深层砂砾岩体成岩圈闭形成条件分析[C]// 全国古地理学及沉 积学学术会议.

纪友亮,赵澄林,刘孟慧.1995.东濮凹陷地层流体的热循环对流与成岩圈闭的形成[J].石油实验地质,17 (1):8-16.

金振奎,陈祥,明海慧,等.2002.泌阳凹陷安棚油田深层系成岩作用研究及其在成岩圈闭预测中的应用[J]. 沉积学报,20(4):614-620.

靳军,康逊,胡文瑄,等.2017.准噶尔盆地玛湖凹陷西斜坡百口泉组砂砾岩储层成岩作用及对储集性能的 影响[J].石油与天然气地质,38(2):323-333.

旷红伟,高振中,王正允,等.2008.一种独特的隐蔽油藏——夏9井区成岩圈闭油藏成因分析及其对勘探的 启迪[J].岩性油气藏,20(1):8-14.

郎静.2008.歧口凹陷斜坡区隐蔽油气藏勘探与预测技术研究[D].中国地质大学(北京).

李洪玺,吴蕾,陈果,等.2013.成岩圈闭及其在油气勘探实践中的认识[J].西南石油大学学报(自然科学 版),35(5):50-56.

李联五.1997.砂砾岩油藏·双河油田砂砾岩油藏[M].北京:石油工业出版社.

李晓良.2008.砂砾岩储层流动单元研究及应用——以大港油田官142断块为例[D].成都理工大学.

李阳.2006.惠民凹陷基山砂体成岩作用及对油气圈闭的影响[J].岩石学报,22(8):2205-2212.

李宇志.2014.盐家地区沙四上亚段砂砾岩体成岩圈闭成因机制研究[D].中国石油大学(华东).

刘慧民,刘鑫金,贾光华.2015.东营凹陷北部坡带深层砂砾岩扇体成岩圈闭有效性评价[J].油气地质与采 收率,22(5):7-14.

刘鑫金,宋国奇,刘惠民,等.2012.东营凹陷北部陡坡带砂砾岩油藏类型及序列模式[J].油气地质与采收 率,19(5):20-23.

鲁新川,孔玉华,常娟,等.2012.准噶尔盆地西北缘克百地区二叠系风城组砂砾岩储层特征及主控因素分 析[J].天然气地球科学,23(3):474-481.

鲁新川,史基安,葛冰,等.2012.准噶尔盆地西北缘中拐——五八区二叠系上乌尔禾组砂砾岩储层特征[J]. 岩性油气藏,24(6):54-59.

马奔奔,操应长,王艳忠,等.2014.车镇凹陷北带古近系中深层优质储层形成机理[J].中国矿业大学学报, 43(3):448-457.

马奔奔,操应长,王艳忠,等.2015.渤南洼陷北部陡坡带沙四上亚段成岩演化及其对储层物性的影响[J]. 沉积学报,33(1):170-182.

南君祥,杨奕华.2001.长庆气田白云岩储层的成岩作用与成岩圈闭[J].中国石油勘探,6(4):44-49.

潘建国,王国栋,曲永强,等.2015.砂砾岩成岩圈闭形成与特征——以准噶尔盆地玛湖凹陷三叠系百口泉组为例[J].天然气地球科学,26（S1）：41–49.

齐井顺,李广伟,孙立东,等.2009.徐家围子断陷白垩系营城组四段层序地层及沉积相[J].吉林大学学报（地球科学版）,39（6）：983–990.

强子同,韩耀文,郭一华.1981.碳酸盐岩成岩圈闭与四川的油气勘探[J].西南石油学院学报,（4）：25–37.

强子同,杨植江,王建民,等.1979.大安寨石灰岩(大三)的成岩作用和成岩圈闭[J].西南石油学院学报,（1）：1–15,80–81.

强子同,杨植江,王建民,等.1981.大安寨石灰岩的成岩作用与成岩圈闭[J].地球化学,（3）：232–241,318.

丘东洲.1992.油气沉积学原理及其在勘探开发中的应用[J].新疆石油地质,（1）：1–22.

饶孟余,张遂安,赵常艳,等.2006.砂岩透镜体成藏的成岩控制机理——以济阳坳陷牛庄洼陷沙三中亚段为例[J].特种油气藏,13（2）：12–15.

单祥,陈能贵,郭华军,等.2016.基于岩石物理相的砂砾岩储层分类评价——以准噶尔盆地玛131井区块百二段为例[J].沉积学报,34（1）：149–157.

邵维志,梁巧峰,盛兰敏,等.2004.大港油田滩海地区中生界砂砾岩储层识别方法研究[J].国外测井技术,19（4）：38–40.

申本科,胡永乐,田昌炳,等.2005.陆相砂砾岩油藏裂缝发育特征分析——以克拉玛依油田八区乌尔禾组油藏为例[J].石油勘探与开发,32（3）：41–44.

司学强,张金亮,谢俊.2008.成岩圈闭对气藏的影响——以英吉苏凹陷英南2气藏为例[J].天然气工业,28（6）：27–30.

宋国奇,刘鑫金,刘惠民.2012.东营凹陷北部陡坡带砂砾岩体成岩圈闭成因及主控因素[J].油气地质与采收率,19（6）：37–41.

宋荣彩,张哨楠,董树义,等.2006.廊固凹陷陡坡带古近系砂砾岩体控制因素分析[J].成都理工大学学报（自然科学版）,33（6）：587–592.

宋铁星,师继红,王雪峰.2001.松辽盆地主要次生岩性圈闭形成条件[J].大庆石油地质与开发,20（4）：17–18,21–75.

谭成仟,宋子齐,吴少波.2001.克拉玛依油田八区克上组砾岩油藏岩石物理相研究[J].石油勘探与开发,28（5）：82–84.

谈健康,张洪辉,熊钊.2013.砂砾岩储层研究现状[J].中国西部科技,（1）：10–12.

汤显明.1992.鄂尔多斯盆地天然气圈闭类型初探[J].天然气工业,（4）：10–11,14–21.

田美荣.2011.盐家地区沙四段上亚段砂砾岩体储层特征及成岩演化[J].油气地质与采收率,18（2）：30–33.

王冠民,张婕,王清斌,等.2018.渤海湾盆地秦南凹陷东南缘中深层砂砾岩优质储层发育的控制因素[J].石油与天然气地质,39（2）：330–339.

王淑萍,徐守余,董春梅,等.2014.东营凹陷北带沙四下亚段深层砂砾岩储层储集空间特征及成因机制[J].天然气地球科学,25（8）：1135–1143.

王伟,常秋生,赵延伟,等.2016.玛湖凹陷西斜坡百口泉组砂砾岩储层储集空间类型及演化特征[J].地质学刊,40（2）：228–233.

王文革.2003.黄骅坳陷隐蔽油气藏研究与实践［D］.青岛：中国海洋大学.

王英民,曹正,赵锡奎.2003.鄂尔多斯盆地北部古岩溶储层流体—岩石系统孔隙发育规律及成岩圈闭定量
　　预测［J］.矿物岩石,23（3）：51–56.

王英民,刘豪,王媛.2002.准噶尔盆地侏罗系非构造圈闭的勘探前景［J］.石油勘探与开发,29（1）：44–
　　47.

王永诗,王勇,朱德顺,等.2016.东营凹陷北部陡坡带砂砾岩优质储层成因［J］.中国石油勘探,21（2）：
　　28–36.

王祝文,刘菁华,许延清.2003.大庆深部致密砂砾岩含气储层产能预测［J］.吉林大学学报（地球科学版）,
　　33（4）：485–489.

西门诺维奇.1986.非背斜圈闭油气藏［M］.北京：石油工业出版社.

谢志杰,王觉民,康有新.1992.成岩圈闭油藏中含油饱和度分布的预测方法［J］.西安石油学院学报,7（1）：
　　1–6.

许琳,常秋生,张妮,等.2018.玛东地区下乌尔禾组储集层成岩作用与成岩相［J］.新疆石油地质,39（1）：
　　76–82.

闫建平,言语,李尊芝,等.2016.砂砾岩储层物性演化及影响因素研究——以东营凹陷北部陡坡带为例［J］.
　　岩性油气藏,28（2）：1–6.

颜其彬.1987.我国非构造油气藏的类型及特征［J］.西南石油学院学报,3：1–9.

杨学文,高振中,尚建林.2007.准噶尔盆地夏9井区成岩圈闭油藏特征［J］.石油学报,28（6）：47–51.

杨勇,牛拴文,孟恩,等.2009.砂砾岩体内幕岩性识别方法初探——以东营凹陷盐家油田盐22断块砂砾岩
　　体为例［J］.现代地质,23（5）：987–992.

杨元亮.2011.东营凹陷北部砂砾岩成岩作用及次生孔隙特征［J］.西南石油大学学报（自然科学版）,33（2）：
　　55–60.

杨昀.1996.鄂尔多斯盆地南部中生界成岩圈闭［J］.石油勘探与开发,23（3）：34–38.

于雯泉,陆梅娟,毕天卓.2012.论成岩圈闭在苏北盆地存在的可能性［J］.复杂油气藏,5（3）：1–5.

昝灵,王顺华,张枝焕,等.2011.砂砾岩储层研究现状［J］.长江大学学报（自然科学版）,8（3）：63–66.

昝灵,张枝焕,王顺华,等.2011.渤南洼陷北部陡坡带砂砾岩储层成岩作用研究［J］.天然气地球科学,22
　　（2）：299–306.

曾小英.1999.川西坳陷上侏罗统蓬莱镇组砂岩储层的成岩作用及对成藏的影响［J］.矿物岩石,19（4）：
　　47–51.

张刘平,罗晓容,马新华,等.2007.深盆气——成岩圈闭：以鄂尔多斯盆地榆林气田为例［J］.科学通报,52
　　（6）：679–687.

张顺存,黄立良,冯右伦,等.2018.准噶尔盆地玛北地区三叠系百口泉组储层成岩相特征［J］.沉积学报,36
　　（2）：354–365.

张顺存,黄治赳,鲁新川,等.2015.准噶尔盆地西北缘二叠系砂砾岩储层主控因素［J］.兰州大学学报（自然
　　科学版）,（1）：20–30.

张顺存,刘振宇,刘巍,等.2010.准噶尔盆地西北缘克—百断裂下盘二叠系砂砾岩储层成岩相研究［J］.岩
　　性油气藏,22（4）：43–51.

张鑫,张金亮.2008.胜坨地区沙四上亚段砂砾岩油藏成岩作用研究[J].特种油气藏,15（2）:18-21.

张新顺,王红军,孙相灿.2015.全球致密油资源分布规律[J].地质论评,61（z1）:798-799.

张运东,薛红兵,朱如凯,等.2005.国内外隐蔽油气藏勘探现状[J].中国石油勘探,10（3）:64-68.

赵澄林,刘孟慧.1993.碎屑岩储层砂体微相和成岩作用研究[J].中国石油大学学报(自然科学版),A00:1-7.

赵追,赵全民,孙冲,等.2001.陆相断陷湖盆的成岩圈闭——以泌阳凹陷下第三系核桃园组三段为例[J].石油与天然气地质,22（2）:154-157.

钟大康,朱筱敏.2003.成岩作用对隐蔽圈闭形成和发育的控制作用——以济阳坳陷为例[C].隐蔽油气藏国际学术研讨会.

周劲松.1999.成岩圈闭——养在深闺人难识[J].石油知识,5:24-25.

周文.1991.川西汉王场香二成岩圈闭气藏研究[J].天然气工业,2:7-12.

朱庆忠,李春华,杨合义.2003.廊固凹陷大兴砾岩体成因与油气成藏[J].石油勘探与开发,30（4）:34-36.

朱世发,朱筱敏,王绪龙,等.2011.准噶尔盆地西北缘二叠系沸石矿物成岩作用及对油气的意义[J].中国科学:地球科学,41（11）:1602-1612.

朱越.2017.砂砾岩油藏储层沉积相特征研究[J].中国化工贸易,9（9）.

邹才能,陶士振,张响响,等.2009.中国低孔渗大气区地质特征、控制因素和成藏机制[J].中国科学(D辑:地球科学),39（11）:1607-162.

第二章 玛湖凹陷基本石油地质条件

第一节 玛湖凹陷斜坡区油气勘探概况

准噶尔盆地是我国西部复杂的大型叠合含油气盆地,也是新中国第一个大油田——克拉玛依油田的诞生地。盆地内发育玛湖凹陷、盆1井系凹陷、沙湾凹陷、阜康凹陷、东道海子凹陷和吉木萨尔凹陷等6大富烃凹陷(赵文智等,1999),其中玛湖凹陷位于准噶尔盆地西北缘(图2-1),面积近4147km²。

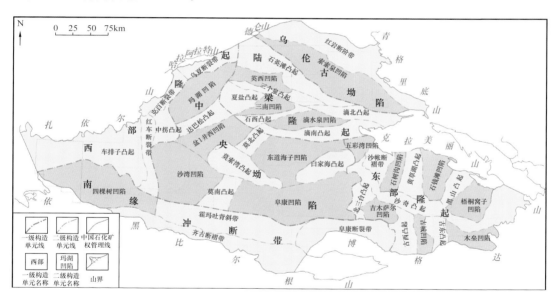

图2-1 玛湖富烃凹陷构造位置图(据新疆油田,2016)

早在20世纪50年代,围绕玛湖富烃凹陷的勘探就已经开展了,在凹陷西侧断裂带发现了新中国第一个大油田(王宜林等,2002)。经过近60年来的勘探开发,在西北缘断裂带陆续发现了15亿吨级的克—乌大油区(雷德文等,2014)。据此更加坚信了玛湖富烃凹陷的资源潜力,玛湖凹陷斜坡区更加近邻油源,油气源充足,推断其勘探潜力理应不小(王惠民等,2005)。对玛湖凹陷斜坡区的勘探早在20世纪80年代勘探家就提出过"跳出断裂带、走向斜坡区"的勘探思路,发现并积累了大量基础资料和认识成果,如艾参1井多层系见油气显示(1983年),下三叠统百口泉组发现了玛北油田(玛2井,1993年)和玛6井区油藏(1994年)

（雷德文等，2017）。因此，对玛湖凹陷区的油气勘探一直没有放松，也已初见成效。但鉴于断裂带的勘探突破不断，对玛湖凹陷斜坡区的勘探和研究没有得到足够的重视。而且由于百口泉组／乌尔禾组目标层系埋藏相对较深（普遍大于4000m），加之根据传统认识，储层属于陡坡环境的洪积扇沉积，低孔低渗，油气产量很低，有利勘探相带主要分布在洪积扇扇中部位，平面上呈孤立"土豆状"分布在断裂带—上斜坡带，勘探领域窄，是无效益勘探的代名词（唐勇等，2014，于兴河等，2014）。因此，玛湖凹陷斜坡区的勘探长期以来并没有取得突破性进展。

2010年以来，由于断裂带勘探程度已经很高，因此勘探家将目光再次投向玛湖凹陷斜坡区，系统开展了整个凹陷区的整体研究与潜力评价，结合当前国内外油气勘探的新趋势和动向，包括勘探对象的多样化、勘探层系的不断加深、储层类型的低渗致密与特殊化、工程技术的跨越式进步，以及中低丰度油气资源的大型化成藏与分布等（赵文智等，2013），提出以二叠系、三叠系不整合面上百口泉组为首要突破口。2012年3月，玛湖凹陷玛北斜坡M131井在百口泉组获得重大突破，次年上报玛北斜坡区百口泉组控制石油地质储量近亿吨，拉开了玛湖凹陷斜坡区十亿吨级特大型砾岩油田发现的序幕（雷德文等，2017）。随后相继在玛南斜坡MH1井区、玛西斜坡M18-AH井区、玛北斜坡M19井区、玛东斜坡D13-D18井区和YB1井区以及凹陷中心MZ2井区获得了规模油气发现（图2-2）。通过对研究区油气

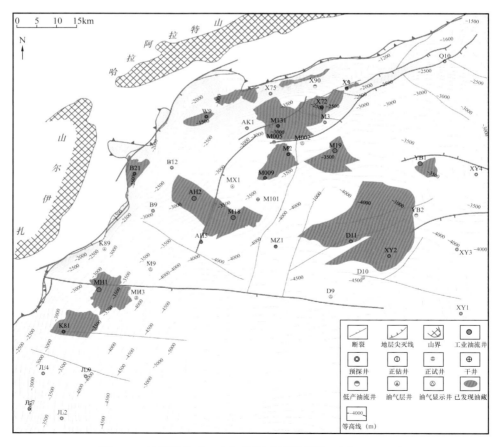

图2-2 玛湖凹陷百口泉组勘探成果图（据新疆油田，2016）

条件的细致分析,认为玛湖凹陷构造演化及地层基本特征奠定了斜坡区大规模成藏的三大有利条件:碱湖优质高效烃源岩、立体输导体系以及扇三角洲规模储层。

第二节　玛湖凹陷构造演化及地层特征

一、构造演化特征

玛湖凹陷位于盆地西北缘,是克拉玛依逆掩断裂带的山前凹陷,凹陷长轴呈北东向。凹陷西侧山前主要发育乌夏断褶带和克百断褶带;凹陷东侧为英西凹陷、夏盐凸起和达巴松凸起。自晚石炭世以来准噶尔盆地经历了二叠纪裂陷盆地、晚二叠世—古近纪克拉通内盆地和新近纪—第四纪陆内前陆盆地阶段(蔡忠贤等,2000),其中玛湖凹陷经历了早二叠世裂谷盆地、中二叠世伸展坳陷盆地、晚二叠世—三叠纪弱挤压挠曲性质克拉通内盆地、早—中侏罗世早期克拉通内盆地、中侏罗世晚期—晚侏罗世弱挤压挠曲性质的克拉通内盆地、白垩纪—古近纪克拉通内盆地的演化阶段。

受到海西、印支、燕山和喜马拉雅构造运动影响,发育石炭系与二叠系、二叠系风城组与夏子街组、二叠系上乌尔禾组与下乌尔禾组、二叠系上乌尔禾组与三叠系百口泉组、三叠系白碱滩组与侏罗系八道湾组以及侏罗系头屯河组与白垩系吐谷鲁群等6期区域性角度不整合。目前认为百口泉组主要发育三期断裂,海西期—印支期发育平行于边界断裂的压扭性质断裂,具有控隆作用;晚印支—燕山期发育近东西向展布,垂直于边界断裂的走滑断裂;晚印支—燕山期还发育与上述两组断裂呈剪切关系的断裂,方向为北北西,垂向断距小。前两期断裂是沟通二叠系油源的重要油气垂向运移通道。

二、地层及沉积演化特征

玛湖凹陷地层发育较全,从石炭系—古近系均有分布(图2-3、图2-4)。石炭系(C)发

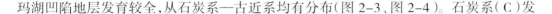
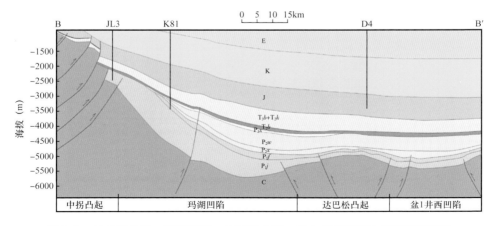

图2-3　过中拐凸起—玛湖凹陷—达巴松凸起—盆1井西凹陷地层结构剖面图

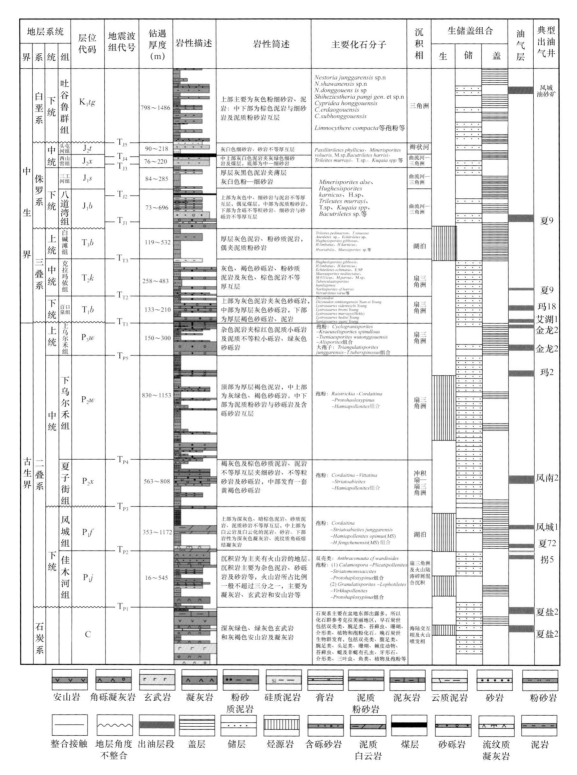

图 2-4 玛湖富烃凹陷地层综合柱状图

育大套火山岩,夹海陆交互相沉积,二叠系佳木河组发育火山岩、火山碎屑岩和扇三角洲的砾岩,在西北缘断裂带及继承性构造凸起上(图 2-3 中拐凸起)石炭系埋藏较浅,而在玛湖凹陷内埋藏较深。二叠系佳木河组(P_1j)、风城组(P_1f)、夏子街组(P_2x)、下乌尔禾组(P_2w)、上乌尔禾组(P_3w)主要分布在凹陷内,断裂带不发育,并且在斜坡高部位被三叠系削失,呈角度不整合接触。三叠系百口泉组(T_1b)、克拉玛依组(T_2k)和白碱滩组(T_3b)分布范围更广,克拉玛依组和白碱滩组在断裂带也有发育,与上覆侏罗系呈不整合接触。侏罗系主要发育八道湾组(J_1b)、三工河组(J_1s)、西山窑组(J_2x)、头屯河组(J_2t),上侏罗统齐古组(J_3q)在局部发育,与上覆白垩系呈不整合接触。白垩系—古近系整体厚度大,覆盖了盆地及周缘除老山以外的大部分地区。

玛湖凹陷烃源岩层主要为下二叠统佳木河组和风城组(匡立春等,2012)。受盆地原型演化控制,佳木河组烃源岩生烃中心主要位于玛西地区,向玛东、玛北及玛南方向烃源岩厚度逐渐减薄;而风城组烃源岩生烃中心主要分布在玛北地区,向玛东、玛西方向减薄。勘探证实,烃源岩上部二叠系乌尔禾组、三叠系百口泉组—白碱滩组以及中—下侏罗统是斜坡带重要的含油层系。

第三节　玛湖凹陷碱湖优质高效烃源岩

玛湖凹陷是准噶尔盆地迄今经勘探证实的最富生烃凹陷,其优质烃源岩主要分布于二叠系(丁安娜等,1994;张越迁等,2000),勘探证实主要为下二叠统佳木河组和风城组(表2-1),其中又以风城组最佳。风城组优质烃源岩平面分布面积约 $3800km^2$,厚度 50~300m,有机碳含量在 0.62%~4.01% 之间,平均 1.38%,有机质类型较好,烃源岩热解氢指数为 23~626mg/g,主要为 100~500mg/g,其中氢指数为 200~400mg/g 的样品占 80%,400mg/g 以上的样品占 14%,有机质类型以 I—II$_1$ 型为主,因此具有优越的生烃潜力。

最近的研究发现,风城组烃源岩可能属于一类新的陆相碱湖优质烃源岩(曹剑等,2015)。风城组烃源岩系中碱性矿物普遍发育,反映其可能形成于碱湖沉积环境。碱湖水体生物贫乏,但菌藻类发育,以菌藻类为主的生油母质,其生油潜力比咸水湖盆要大(王宜林等,2002)。如以泌阳凹陷为例,该凹陷发育国内外典型的陆相碱湖烃源岩,与咸水湖相的江汉潜江凹陷和柴达木茫崖凹陷的含碳酸盐—烃源岩相比,有机质含量高出 2~7 倍,烃含量高出 2~8 倍;与全球 18 个海相盆地碳酸盐岩烃源岩相比,有机质含量高出 7 倍,氯仿沥青"A"含量高出 2~3 倍。因此,碱湖环境烃源岩的有机质是"富含了富氢组分"的有机质,且烃转化率高,属于好—极好级别的湖相优质烃源岩(王寿庆和何祖荣,2002;罗家群,2008)。

较之风城组,佳木河组烃源岩的质量要偏差一些。其中,佳木河组烃源岩厚度 50~225m,有机质丰度中等—好,但有机质类型偏腐殖型,以 II—III 型为主,加之演化程度高,因此目前以生气为主,生油为辅。

表 2-1   玛湖凹陷二叠系风城组、佳木河组烃源岩特征表

烃源岩特征		佳木河组（P_1j）烃源岩	风城组（P_1f）烃源岩
有机质丰度	有机碳含量（%）	0.085～2.0/0.56	0.62～4.01/1.38
	氯仿沥青 "A"（%）	0.0014～0.0346/0.0076	0.0759～1.6185/0.3480
	生烃潜力 S_1+S_2（mg/g）	平均 0.25	平均 5.2
有机质类型		II_1—III 型	I—II 型
有机质成熟度 R_o（%）		1.18～1.9	0.85～1.4
生物标志化合物质量色谱图			
典型生物标志化合物特征		① 三环二萜烷 C_{20}、C_{21} 和 C_{23} 呈下降型分布； ② 碳同位素较轻，一般大于 −23‰； ③ 姥植比一般小于 1.0	① 三环二萜烷 C_{20}、C_{21} 和 C_{23} 呈上升型分布； ② 碳同位素较轻，为 −28.719‰～−31.948‰，平均 −29.997‰； ③ 姥植比小于 0.8
生排烃关键时刻		主要生油期：早二叠世风城期（P_1f）至三叠世（T）； 主要生气期：晚二叠世（P_2）到早白垩世（K_1）； 主要排油期：早中三叠世（T_1—T_2）到早白垩世（K_1）； 排气高峰期：早白垩世（K_1）早期	主要生油期：晚二叠世（P_2）至晚三叠世（T_3）； 主要生气期：晚三叠世（T_3）到早白垩世（K_1）； 主要排烃期：三叠世（T）到早白垩世（K_1）； 排气高峰期：早白垩世（K_1）

综上所述，玛湖凹陷发育多套优质烃源岩，并以风城组碱湖优质烃源岩最优，不仅具有优质、高效、大规模成烃的显著特点，既可生油，也可生气，是玛湖大油（气）区形成的首要基础条件，而且也是目前全球发现的最古老碱湖烃源岩沉积，值得进一步深入开展系统的科学研究。

第四节   高角度断层与不整合面输导体系

玛湖凹陷发育立体油气输导体系，包括断层、不整合面与砂体，与三叠系百口泉组成藏相关的油气输导体系主要为断裂和不整合，两者构成了有效输导体系，为油气运聚成藏提供了良好的基础条件。

一、三期高角度断裂

根据玛湖凹陷构造及断裂演化的研究成果,认为斜坡区发育 3 种断裂样式和 3 级断裂,其中Ⅰ、Ⅱ级断裂断穿二叠系风城组烃源岩,不仅是大量酸性流体的优势运移通道,为形成三叠系百口泉组砾岩次生孔隙储层及成岩圈闭发挥了重要作用,而且也是大规模油气输导的高速通道,为三叠系百口泉组的成藏发挥了关键作用。

(一)断裂样式

第一种样式为基底卷入型叠瓦状逆冲断裂。近平行于边界断裂(西北缘山前逆掩断裂带)的压扭性质断裂,断面下缓(倾角 30°～40°)上陡(倾角 60°～70°),断开层位从石炭系到三叠系克拉玛依组,断距为 25～1000m,该类断裂直接沟通二叠系烃源岩与二叠系—中、下三叠统,是斜坡区最重要的油气垂向输导单元(图 2-5)。

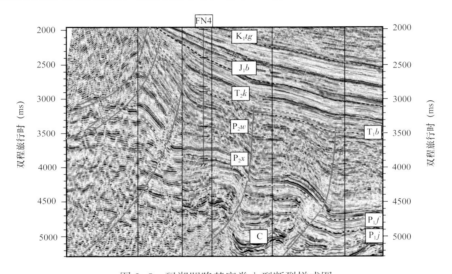

图 2-5　玛湖凹陷基底卷入型断裂样式图

第二种样式为近垂直于边界断裂的走滑断裂,具体可分为"单支状"和"花状"走滑断层两小类。"单支状"走滑断层发育在冲断带前缘和斜坡区,局部贯穿逆冲断裂,剖面上具有近直立或陡倾(倾角大于 80°)的单一断面,呈高角度向深部延伸,断裂两侧波组错断,性质表现或正断层或逆断层,断距 10～30m(图 2-6a)。花状走滑断层(构造)分正花状和负花状构造两种,是压(张)扭性应力状态中派生的构造,一条陡立走滑断裂向上分叉撒开,其大多数断层具有逆(正)断层,组成地层总体表现为背斜(向斜)特征,断层为地垒(地堑)断片(图 2-6b)。准噶尔盆地西北缘玛湖斜坡区自早二叠世处于近南北向挤压环境中,并叠加了扭动构造应力场,不同时期具体的应力特征有所差异,虽然走滑断裂活动强度逐渐减弱,但其位置基本未变,且大都切穿了三叠系,在部分地区甚至切割了侏罗系、白垩系。如位于克拉玛依地区的大侏罗沟断层属于典型的负花状走滑断裂,主要形成于二叠系内部,三叠系发育,喜马拉雅期直通地表,垂向断距 10～20m,自下向上断裂的位置基本没有变化。大侏罗沟断裂是玛南斜坡区最重要的油气输导体系,在断裂带两侧从二叠系—白垩系,油气显示丰富,并且可以在多个层系规模成藏。

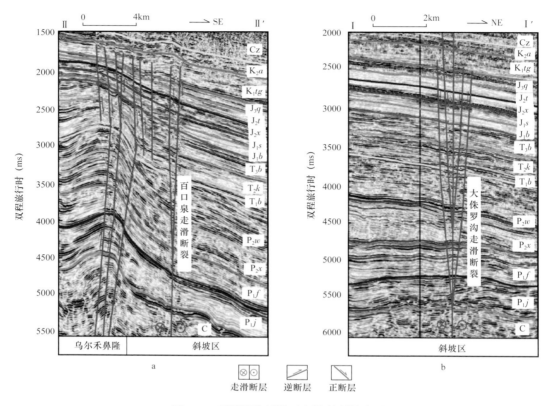

图 2-6 玛湖凹陷斜坡区走滑断裂样式图

第三种样式为与上述两组断裂呈剪切关系形成的断裂。剖面上多以顺向断裂为主,也发育走滑断裂伴生的羽状剪切断裂,在剖面呈 "Y" 形,多形成于中印支—燕山期,为层间断裂,断开层位 T_3b—P_2w,断面 60°~70°,断距 10~15m (图 2-7)。

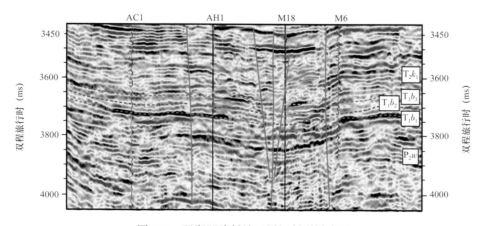

图 2-7 玛湖凹陷斜坡区层间断裂样式图

(二)断裂平面特征

斜坡区的断裂,尤其走滑断裂(三叠系百口泉组)断距较小($\lambda/8$ < 断距 < $\lambda/4$),地震剖面反射具有"层断波不断"特征。依据走滑断裂形成的力学机制和地质模式指导,运用地质构造导向滤波技术、切片技术和分频沿层相干等技术对断裂平面上主位移面及其伴生的花状断裂系统进行有效识别和表征。主要按照断裂的延伸规模和作用将断裂分为三个级别(图 2-8)。

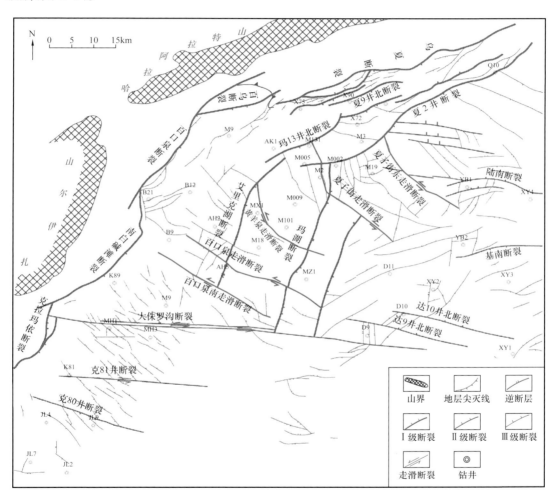

图 2-8 玛湖富烃凹陷斜坡区三叠系百口泉组断裂纲要图

Ⅰ级断裂:为基底卷入型叠瓦状逆冲断裂,是第一种断裂样式。其近平行于西北缘山前逆掩断裂带,倾向西北,延伸长度 10~20km,海西中期西准噶尔地区受侧向挤压形成碰撞前陆盆地及一系列向盆地斜坡区叠瓦状古凸构造带,卷入层位从石炭系到三叠系克拉玛依组,至于印支期,为风城组油源垂向运移到三叠系百口泉组提供了有利通道,如艾里克湖断裂、玛湖断裂等与达尔布特断裂、盆地西北缘逆掩断裂带方向相同,规模相似,是基底断裂的反映,由于它紧靠生油凹陷,构造位置更为有利。

Ⅱ级断裂:近垂直于边界断裂走滑断裂,是第二种断裂样式。何登发认为边界断裂构造转折的地方最有可能发育走滑断裂,研究表明玛湖斜坡区主要发育了六条走滑断裂,工区内自南向北分别为大侏罗沟走滑断裂、百口泉南走滑断裂、百口泉走滑断裂、黄羊泉走滑断裂、夏子街走滑断裂及夏子街东走滑断裂,总体走向为NW向,平面延伸长度在10~20km,呈"左旋"式分布。图2-9为黄羊泉走滑断裂、夏子街走滑断裂及夏子街东走滑断裂地震剖面解释结果,断面倾角陡,上、下盘垂直落差不明显,但表现出沿断层面扭动走滑的特征,说明具有剪切走滑性质,断层从深部石炭系一直断至下白垩统,表明它是海西期、印支期和燕山期持续活动的产物,这些走滑断裂将平行于边界断裂的Ⅰ级断裂错断、相交又形成断块,受后期构造运动的改造发生变形呈平行四边形或不规则的菱形,走滑断裂的存在起着山前推覆体运动过程中调节横向应力的作用,并对后期油气田的聚集和分布起了重要的控制作用,如目前在斜坡区发现的M13井区百口泉组油气藏和M18井区百口泉组油气藏均分布在Ⅰ级断裂和Ⅱ级断裂相交的区块。

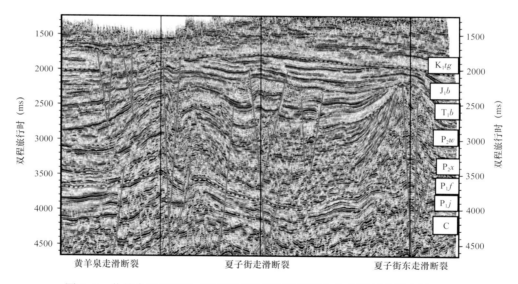

图2-9 黄羊泉走滑断裂、夏子街走滑断裂及夏子街东走滑断裂样式剖面图

Ⅲ级断裂:为Ⅰ级断裂和Ⅱ级断裂呈剪切关系形成的断裂,是第三种断裂样式。剖面上断层倾角达70°,在玛北、玛西地区,多为顺向断层,平面延伸长度3~5km,走向以北西向为主,断距10~15m,断开层从二叠系乌尔禾组到三叠系克拉玛依组,玛南地区大侏罗沟走滑断裂伴生的羽状断裂在剖面呈"Y"形,平面上延伸长度1~2km,走向以北西向为主。值得一提的是玛东地区达巴松凸起上的陆南断裂和基南断裂延伸方向近北东—南西向,延伸长度3~5km,百口泉组断裂平行于深部(二叠系)逆断层,且相对深层(达巴松背斜)构造走向发生左旋,平面展布呈雁列式,百口泉组超覆沉积在凸起之上,此断裂的形成时间与西北缘逆掩断裂带的形成时间一致。

根据环玛湖斜坡区百口泉组断裂平面分布特征,依据里德尔剪切模式原理,认为达尔布特左行走滑断层相当于主位移带(PDZ),位于达尔布特断裂的东侧西北缘逆掩断裂带(克百断裂等)与主位移带呈小角度相交,相当于 P 和 R 剪裂面(同相走滑断裂),已解释出的大侏罗沟等六条走滑断裂与达尔布特断裂近于垂直相交,相当于 R′ 剪切面(反向走滑断裂),且大侏罗沟等六条走滑断裂错动方向(右旋)与达尔布特断裂错动方向(左旋)相反,大侏罗沟等断裂两侧发育呈羽列状分布的次一期走滑断裂系统,方向为北西向,在剖面上呈花状构造,平面上呈雁列状分布,符合 Sylvester 简单剪切模式。

(三)断裂的活动期次

按断层的断开层位,可将玛湖斜坡地区自石炭系至第四系的盆地沉积盖层划分为三个构造层:(1)石炭系—下三叠统为坳陷挤压性构造层(下部构造层);(2)上三叠统—侏罗系为泛盆地拉张性构造层(中部构造层);(3)侏罗系—第四系为坳陷萎缩性构造层(上部构造层)。对应的断裂具有下逆、中正、上无三重结构特征(图 2-10)。

(1)工区内下部构造层受晚海西期西北缘前陆盆地发育的影响,盆地腹部在以水平运动为主的挤压应力作用下发育众多的高角度逆断层,断层倾角一般大于 60°,活动期长、断距大、延伸远的特点,并伴生一些反向断层,在剖面上呈"Y"形搭配,构造样式以基底卷入型为主,断层断至三叠系克拉玛依组顶部,玛湖背斜形成、风城组、佳木河组超覆在夏盐古凸起上,同时伴随走滑断裂形成,部分走滑断层下部贯穿逆冲断层。

(2)中部构造层对应早燕山运动构造旋回,构造运动相对微弱,三叠系断层的水平断距小于垂直断距,垂直断距多数小于 30m,表明早燕山运动在盆地腹部以垂直运动为主,形成了三叠系内部的高角度正断层,断层倾角多大于 70°,呈"骨牌式"排列,走滑断裂继续活动。三叠系沉积以"披覆"作用为主,"隆起"高点继承性较好,幅度变小,但面积增大。

(3)燕山运动后期,盆地自侏罗系至第四系的沉积范围逐渐缩小,至喜马拉雅期构造应力场以微弱的拉张环境为主,白垩系清水河组有极少量正断层继续活动,是下部走滑断层持续活动后的延伸,断距在 10~20m 之间,断层倾角多大于 60°,这些断层虽然不形成圈闭,但可以改善储层的物性,部分走滑断裂甚至通至地表,如大侏罗沟断裂。

(四)断裂的油气输导作用

Ⅰ级断裂和Ⅱ级断裂是油气从深层向浅层储层运移的重要通道。目前,已发现的不同层系油气藏的分布绝大多数都与断裂有关,平面上,主要油气聚集带都沿断裂带分布。根据地球化学性质分析和生物标记化合物的对比,发现斜坡区百口泉组油藏的原油均来于二叠系油源,说明断裂是油气运移的主要通道。断裂活动期,由于应力的释放,产生大量的微裂缝。断裂带岩石的渗透率远远大于其他地方岩石的渗透率,是流体优先选择的运移通道。

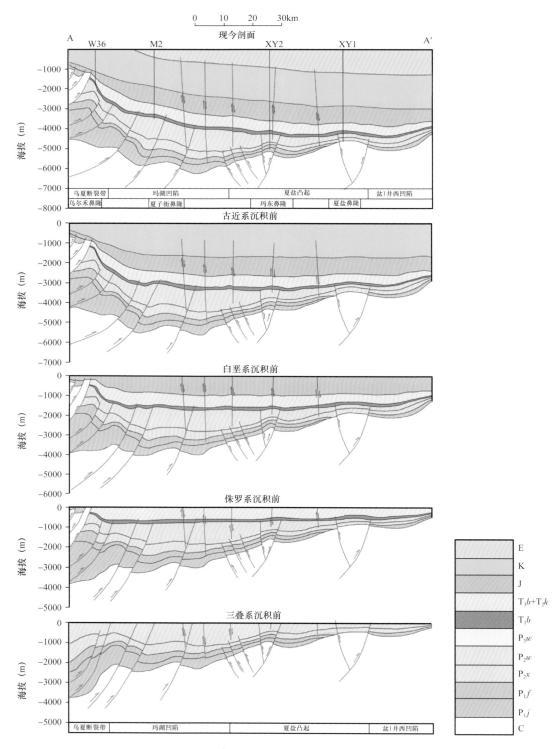

图 2-10　玛湖凹陷东西向断裂构造发育史剖面图

二、T/P 大型不整合面

对于不整合,国内外大量油气勘探实践和研究已经证实,其对大型油气田的形成具有重要作用,包括形成油气运移的高速通道和地层不整合型圈闭/油气藏等(吴孔友等,2002;何登发,2007)。玛湖凹陷研究区存在多套不整合,包括二叠系与石炭系(P/C)、三叠系与二叠系(T/P)两大区域不整合(图2-11),以及二叠系内部的局部不整合(如夏子街组与风城组之间的不整合等)。T/P 不整合面形成于海西晚期构造抬升,在准噶尔盆地内为盆地级不整合。不整合面之上沉积下三叠统,其与下伏二叠系呈明显的角度不整合接触关系。在盆地北部普遍缺失上二叠统沉积,下三叠统直接覆盖在中二叠统之上,如玛湖凹陷玛北斜坡区。

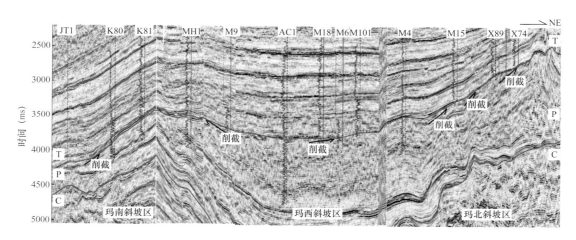

图2-11　玛湖凹陷 T/P、P/C 不整合地震地质解释剖面图

T/P 不整合与前述断裂匹配,构成了盆地油气运移的立体输导网络。当油气通过断裂垂向运移至 T/P 不整合面后,开始沿不整合面横向运移,百口泉组底部的这种毯式油气运移极大地扩大了油气横向运移的范围,是百口泉组形成规模油气藏的重要原因之一。

第五节　大型退覆式浅水扇三角洲砾岩沉积

现今的加依尔、塔尔巴哈台、谢米斯台、哈拉阿拉特等山系大面积出露下石炭统和花岗岩体,表明经历了长期大规模的剥蚀,虽然不确定其上剥蚀地层的具体层位与厚度,但从下石炭统的成岩程度及花岗岩体的就位深度可粗略判断,其上的剥蚀厚度可能有5～8km。从侏罗系覆盖塔城、和什托洛盖以及准噶尔等盆地来看,侏罗系沉积前可能存在大范围的夷平面,即5～8km厚的地层在晚石炭世—三叠纪经历了先沉积、成岩,其后再剥蚀的过程,而剥蚀的主要产物再次沉积于玛湖、沙湾等凹陷内(雷德文等,2013)。

玛湖凹陷百口泉组岩性主要为褐红色、灰色砾岩,少量灰色含砾砂岩、细砂岩,厚度140~240m。粗碎屑沉积物以砾岩和砂砾岩为主。参考岩石颜色、粒度、沉积构造、砾石支撑形式等因素,将百口泉组岩心划分出13种岩相,包括泥杂基支撑漂浮砾岩相(Gmz)、块状砾岩相(Gm)、多级颗粒支撑砾岩相(Gcm)、砂质支撑砾岩相(Gms)、粒序层理砾岩相(Gg)、叠瓦状砾岩相(Gi)、同级颗粒支撑砾岩相(Gcs)、交错层理砾岩相(Gt-p)、交错层理砂岩相(St-p)、块状砂岩相(Sm)、波状层理砂岩相(Sw)、灰色泥岩相(Mmh)和褐色泥岩相(Mmr)(雷德文等,2013;于兴河等,2014)。其中,泥杂基支撑漂浮砾岩相、块状砾岩相和褐色泥岩相岩石颜色为杂色或褐色,反映了氧化沉积环境,即扇三角洲平原水上沉积;交错层理砾岩相、砂质支撑砾岩相、交错层理砂岩相、波状层理砂岩相和灰色泥岩相的岩石颜色多为灰白色或灰色,反映了还原沉积环境(即扇三角洲前缘水下)沉积。从发育的岩相类型分析,存在三种流体搬运机制,其中泥杂基支撑漂浮砾岩相和块状砾岩相反映为碎屑流沉积,流体性质为层流,主要为悬浮搬运方式;多级颗粒支撑砾岩相、砂质支撑砾岩相、粒序层理砾岩相和叠瓦状砾岩相反映高密度洪流性质,处于碎屑流向牵引流过渡类型;同级颗粒支撑砾岩相、交错层理砾岩相、交错层理砂岩相、块状砂岩相和波状层理砂岩相反映稳定水动力条件下牵引流沉积,流体性质为湍流,主要为底负载搬运方式。不同的岩相类型是单一沉积作用或沉积过程的产物,通过岩相叠置和变化关系可以判断沉积环境。总体上,百口泉组呈现了扇三角洲沉积序列的特征,可以划分出7种沉积微相类型(表2-2),即扇三角洲平原辫状河道、河道间和泥石流,扇三角洲前缘水下分流河道、水下分流河道间、河口坝以及前扇三角洲泥。

纵向上,百口泉组向上沉积粒序变细、砾岩含量逐渐减少、泥岩层增多、增厚。例如在玛湖凹陷西斜坡,百口泉组底部发育扇三角洲平原相厚层—巨厚层块状砾岩,中部发育扇三角洲前缘厚层砾岩夹泥岩,中上部过渡为砾岩与泥岩的互层沉积,上部主要发育大段泥质细粒沉积夹砂岩或泥质砂岩(图2-12)。从湖盆沉积旋回看,百口泉组整体呈水进沉积旋回,自下而上扇三角洲平原和前缘相带逐渐向盆地边缘退积,而滨浅湖相沉积范围向盆地边缘逐渐扩大(图2-13)。

平面上,玛湖凹陷共发育6大沉积扇体,玛湖西斜坡自南西向北东发育中拐扇、克拉玛依扇、黄羊泉扇和夏子街扇,玛湖东斜坡发育夏盐扇、达巴松扇。在百口泉组沉积演化过程中,6大扇体呈继承性发育,其扇体发育位置基本保持不变。百一段沉积期扇三角洲平原沉积范围广、延伸远,扇三角洲前缘相大面积发育,湖盆中心位于凹陷南侧,滨浅湖亚相面积小(图2-14);百二段扇三角洲平原沉积范围向物源方向缩小,扇三角洲前缘相大面积发育,滨浅湖亚相面积略有增大(图2-15);百三段水进幅度大,扇三角洲平原亚相和前缘亚相沉积大幅缩小,滨浅湖亚相将各大扇体分隔(图2-16)。

钻探证实,百口泉组扇三角洲前缘砾岩分布范围广,延伸距离远,扇体规模不一,扇三角洲平原亚相向湖区方向延伸较远,各相邻扇体前缘相带在凹陷斜坡区交互叠置。如黄羊泉

表2-2 玛湖富烃凹陷斜坡区三叠系百口泉组典型沉积相特征表

亚相	扇三角洲平原			扇三角洲前缘			前扇三角洲（滨浅湖）
微相	泥石流	辫状河道	河道间	水下分流河道	水下分流河道间	河口坝	前扇三角洲泥
沉积构造	厚层块状构造呈砾状砂岩体呈楔状	透镜状砂体，斜层理和槽状交错层理	平行层理，层系多呈透镜状和楔状	厚层-中层状砂砾岩，发育槽状交错层理	中层-薄层波状层理和平行层理	中-薄层砂岩，小型槽状和板状层理	厚层状泥岩夹粉砂质泥岩，水平层理
沉积结构	杂基含量高，分选性差，磨圆度中等	杂基含量多，分选较差，磨圆度较好	杂基含量多，分选中等	颗粒支撑，分选中等，磨圆较好	杂基含量高，分选较好，磨圆度差	分选性好，磨圆度较好，具反韵律	粒度细，分选好，黏土含量高
粒度特征	混杂含巨砾含泥	砂砾岩、砾岩	泥-粉砂	砂砾岩-砾岩	泥-粉砂	含砾粗细砂岩	粉砂岩-泥岩
岩相模式							
电性特征	厚层箱状型（夏74）	中幅齿化箱状型（夏75）	低幅齿化箱状型（玛132）	高幅齿化钟型（夏61井）	高幅齿化指型（玛133）	中幅齿化漏斗状（玛131）	低幅齿化线型（玛005井）
岩心照片							
地震反射特征	弱振幅、低连续、杂乱或空白反射		中-强振幅、中频、中连续、平行-亚平行反射				中-强、振幅、高频、平行、亚平行反射

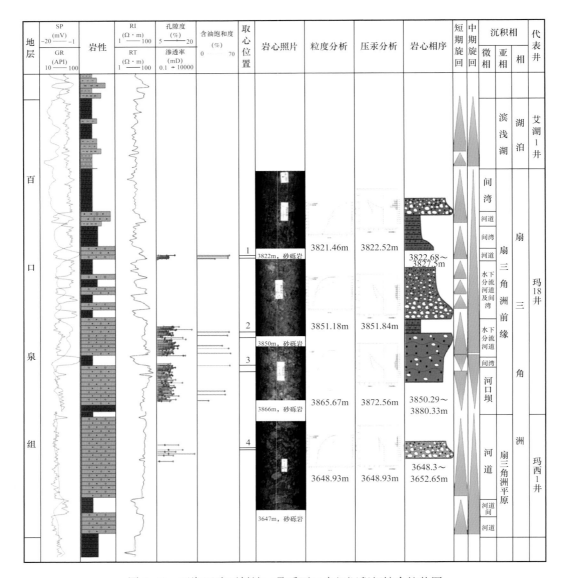

图 2-12 玛湖凹陷西斜坡三叠系百口泉组沉积相综合柱状图

扇扇三角洲平原亚相主要分布于 B75 井以北,扇三角洲前缘亚相分布范围较大,南部一直延伸到 MZ1 井区,进入了玛湖凹陷的中心位置,与东部夏盐—达巴松扇在凹陷中心交会,北部与夏子街扇在 M101 井一带交会,西部则延伸到 AC1 井,与克拉玛依扇交会。

唐勇(唐勇等,2018)研究认为玛湖凹陷及其周缘地区百口泉组砾岩大面积分布格局与其特定的地质条件相关,主要包括以下三个方面的地质条件:

一是断坳转换期充足物源和稳定水系持续建造。玛湖凹陷处于准噶尔盆地西北缘的山前坳陷,经历了早二叠世前陆盆地阶段,在中—晚二叠世,冲断带碰撞活动达到顶峰后前陆盆地开始缩减,二叠纪末构造环境转为板内挤压阶段,三叠纪早期的印支运动期仍以挤压推

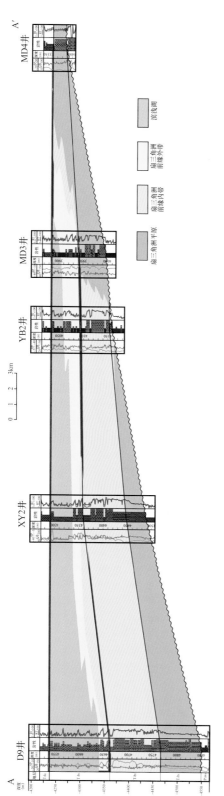

图 2-13 玛湖凹陷东斜坡百口泉组连井沉积相剖面图

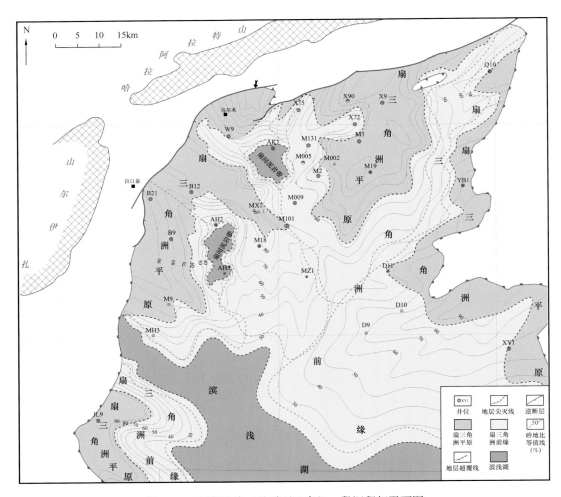

图 2-14　玛湖凹陷三叠系百口泉组一段沉积相平面图

覆为主,但盆地内基底断裂以及盆山之间的断裂开始逐渐稳定,活动逐渐变弱,形成了坳陷盆地。因此,晚二叠世至早三叠世为前陆盆地冲断和坳陷盆地转换时期,受推覆挤压影响,西部隆起、陆梁隆起持续隆升,为玛湖凹陷提供了充足的物源。同时,在盆地推覆挤压过程中,盆地内各推覆单元之间形成了剪切走滑断裂,研究表明这些断裂长期稳定发育,形成了向盆地输送物源的稳定山口通道,如中拐—车排子扇、克拉玛依扇和黄羊泉扇分别是红车推覆带、克乌推覆带和乌夏推覆带之间相互剪切走滑断裂形成的水系携带沉积物堆积而成。而夏子街扇则是由于东北方向与西北方向的应力在此区域内相挤压、压扭,使得区域内山体发育北东—南西向的断裂,成为输送剥蚀区物源的通道,形成了物源供应充足的山口,从而形成延伸距离近 40km 的大型扇体。

　　二是具备盆大、水浅、坡缓的古地理背景。在百口泉组沉积期,准噶尔盆地是一个大型的坳陷盆地,沉积面积 $5 \times 10^4 \sim 6 \times 10^4 km^2$,其西北缘的玛湖凹陷及其周缘地区面积近 $1 \times 10^4 km^2$,因此其巨大的湖盆为大面积的砂体沉积提供了足够的可容纳空间。由于玛湖凹

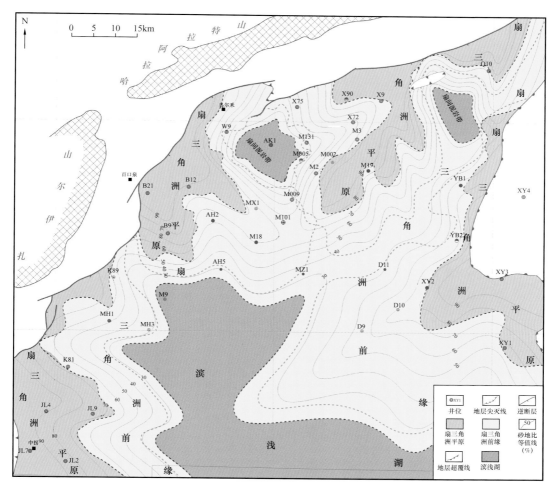

图 2-15 玛湖凹陷三叠系百口泉组二段沉积相平面图

陷位于整个盆地的西北部,属于盆地的斜坡区,并且玛湖凹陷的沉积中心位于凹陷南部的达巴松地区,这种地貌条件下,砂体一直沿着斜坡向凹陷中心搬运沉积,这也是玛湖凹陷周缘扇体向湖盆中心大面积搬运的一个重要因素。另外,在西部隆起和陆梁隆起的夹持下,盆地西北部玛湖地区形成浅水湖盆区。前人以 Pr/Ph 参数分析沉积环境,结果表明,玛湖凹陷百口泉组主要为滨浅湖或浅水沉积;同时,岩心砂岩中常见浪成沙纹层理,而且骨架砂体以相互叠置水下分流河道砂体为主,缺乏河口坝,垂向上水上(褐色)与水下(灰色)沉积交替,反映湖平面频繁升降,综合分析认为,百口泉组沉积时期具有浅水湖盆特征。前人研究表明,浅水环境下沉积水体动力强,水体中携带的沉积物能够快速向盆地推进,搬运较远(朱筱敏等,2013)。百口泉组沉积时期呈现盆边陡、盆内缓的古地形特征。根据地震资料,靠近玛湖凹陷边缘主断裂发育地区,属于早期沟槽所处的区域,也是物源进入湖盆的通道口附近,如X74井和H4井附近,地形坡度变陡,而玛湖凹陷内地形最陡的为夏盐扇,坡度为2.86°,最缓为克拉玛依扇,坡度为0.84°,总体上玛湖凹陷内各大扇体沉积时的坡度均较平缓。前人

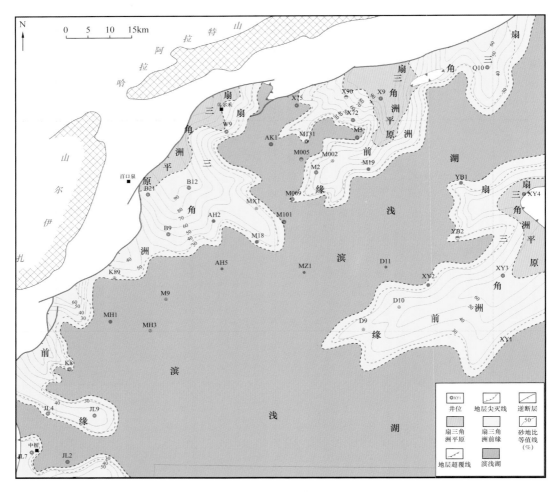

图2-16 玛湖凹陷三叠系百口泉组三段沉积相平面图

认为地形坡度对砂体的沉积和分布样式有较大的影响,较陡的坡度使砂体沿斜坡迅速进入湖盆并呈带状分布,较平缓的坡度使砂体更容易在斜坡区分散沉积,使得砂体大面积的在斜坡部位叠置分布,因此玛湖凹陷内平缓的坡度为大型扇群的形成提供了有利的地形条件。

三是湖侵背景、多期坡折导致砂体搭接连片。百口泉组扇体沉积过程是水体逐渐加深的湖侵过程。初始沉积时,首先在靠近凹陷中心的坡折平台上形成扇三角洲沉积砂体,随着水体的加深,发生退积,沉积物不能都完全达到凹陷中心,而是在更上一级的坡折平台上沉积形成扇体,湖侵的持续使得沉积物逐渐由沉积中心向湖盆边缘退积,从而使得湖盆早—中期的砂体得以保存,砂体大面积在湖盆中分布。反之发生进积时,早期沉积在斜坡中的砂体更容易被后期侵蚀,都搬运到湖盆中心,从而不能形成大面积分布的砂体。因此湖侵背景下,更利于形成大面积砂体分布的沉积样式。玛湖凹陷虽然地形平缓,但凹陷内存在多期坡折,坡折的坡降较小,且多级坡折之间存在平缓的平台区,是砂体的主要沉积区。坡折控制着砂体的展布,坡折之下的宽缓平台区是扇三角洲前缘砂体的主要分布区。由于玛湖凹陷内存在多期坡折,因此也存在多级平台区,导致砂体在不同的平台区分布而形成大面积砂体的分布样式。玛湖凹陷北斜坡夏子街扇向湖盆中心延伸较远,在接近湖盆中心钻探的 M20 井仍有扇三角洲平原亚相的砂体沉积,是其在靠近凹陷中心的坡折下形成的早期扇体。多级坡折造成扇体向湖盆中心延伸远,也使得扇体在多个平台上错落叠置,形成大面积砂体叠加。

百口泉组扇三角洲砾岩储层叠置连片,厚度在 40～140m 之间,三段有利前缘相分布面积总计 12900km^2,构成了百口泉组规模成圈、成藏的储层基础。

参 考 文 献

蔡忠贤,陈发景,贾振远.2000.准噶尔盆地的类型和构造演化[J].地学前缘,7(4):431-440.

曹剑,雷德文,李玉文,等.2015.古老碱湖优质烃源岩:准噶尔盆地下二叠统风城组[J].石油学报,36(7):781-790.

陈建平,王绪龙,邓春萍,等.2016.准噶尔盆地烃源岩与原油地球化学特征[J].地质学报,90(1):37-67.

丁安娜,惠荣耀,王屹涛.1994.准噶尔盆地西北缘石炭、二叠系烃源岩有机岩石学特征[J].新疆石油地质,15(3):220-225.

何登发.2007.不整合面的结构与油气聚集[J].石油勘探与开发,34(2):142-149.

匡立春,唐勇,雷德文,等.2012.准噶尔盆地二叠系咸化湖相云质岩致密油形成条件与勘探潜力[J].石油勘探与开发,39(6):657-667.

匡立春,唐勇,雷德文,等.2014.准噶尔盆地玛湖凹陷斜坡区三叠系百口泉组扇控大面积岩性油藏勘探实践[J].中国石油勘探,19(6):14-23.

雷德文,阿布力米提,唐勇,等.2014.准噶尔盆地玛湖凹陷百口泉组油气高产区控制因素与分布预测[J].新疆石油地质,35(5):495-499.

雷德文,陈刚强,刘海磊,等.2017.准噶尔盆地玛湖凹陷大油(气)区形成条件与勘探方向研究[J].地质学报,91(7):1604-1619.

雷德文,唐勇,常秋生,等.2013.准噶尔盆地西北缘二叠系储层成因类型及其主控因素[M].北京:石油工业出版社.

罗家群.2008.泌阳凹陷核桃园组未熟—低熟油地球化学特征及精细油源对比[J].地质科技情报,27(5):77-81.

唐勇,徐洋,李亚哲,等.2018.玛湖凹陷大型浅水退覆式山三角洲沉积模式及勘探意义[J].新疆石油地质,39(1):16-22.

唐勇,徐洋,瞿建华,等.2014.玛湖凹陷百口泉组扇三角洲群特征及分布[J].新疆石油地质,35(6):628-635.

王惠民,吴华,靳涛,等.2005.准噶尔盆地西北缘油气富集规律[J].新疆地质,23(3):278-282.

王寿庆,何祖荣.2002.深化泌阳凹陷认识,开拓油气勘探领域[J].河南油田,16(1):1-6.

王宜林,张义杰,王国辉,等.2002.准噶尔盆地油气勘探开发成果及前景[J].新疆石油地质,23(6):449-455.

吴孔友,查明,柳广弟.2002.准噶尔盆地二叠系不整合面及其油气运聚特征[J].石油勘探与开发,29(2):53-57.

于兴河,瞿建华,谭程鹏,等. 2014. 玛湖凹陷百口泉组扇三角洲砾岩岩相及成因模式[J].新疆石油地质,35(6):619–627.

张越迁,张年富,姚新玉. 2000. 准噶尔盆地腹部油气勘探回顾与展望[J].新疆石油地质,21(2):105–109.

赵文智,何登发,宋岩,等. 1999.中国陆上主要含油气盆地石油地质基本特征[J].地质论评,45(3):232–240.

赵文智,胡素云,王红军,等. 2013.中国中低丰度油气资源大型化成藏与分布[J].石油勘探与开发,40(1):1–13.

朱筱敏,潘荣,赵东娜,等. 2013.湖盆浅水三角洲形成发育与实例分析[J].中国石油大学学报(自然科学版),37(5):7–4.

第三章 玛湖凹陷斜坡区 砾岩成岩圈闭基本特征

目前国内外成岩圈闭的研究多集中在碳酸盐岩和砂岩这两种岩石类型上,而砾岩成岩圈闭的研究目前还未见相关报道。因此,砾岩成岩圈闭作为一种新的成岩圈闭类型,有其独特的特征。

砾岩成岩圈闭主要由两部分组成,砾岩储层和砾岩遮挡层。本章将重点介绍砾岩成岩圈闭的储层特征和遮挡层特征以及砾岩成岩圈闭在空间上的分布特征。

第一节 砾岩成岩圈闭储层特征

玛湖凹陷湖斜坡区百口泉组储层总体特征如表3-1,属低—特低孔、特低—超低渗储层,前缘亚相储层物性较平原亚相好;平原亚相的地震响应特征为弱振幅、低连续、杂乱或空白反射;前缘亚相的地震响应特征为中—强振幅、中频、中连续、平行—亚平行反射(表3-1)。

表3-1 玛湖凹陷斜坡区三叠系百口泉组储层特征表

岩相特征	扇三角洲平原亚相		扇三角洲前缘亚相	
	水上泥石流砂砾岩相	辫状河道砂砾岩相	水下分流河道砂砾岩相	河口坝砂岩相
岩心特征	X9,T_1b,2054.1m	X9,T_1b,2077m	XY2,T_1b,4077.4m	XY2,T_1b,4350.23m
储集空间	X65,T_1b,1610.26m,剩余粒间孔、微裂缝	X70,T_1b,1772.53m,剩余粒间孔、微裂缝	M18,T_1b,3906m,颗粒溶孔、粒间溶孔	XY2,T_1b,4407.23m,颗粒溶孔、粒间溶孔

岩相特征	扇三角洲平原亚相		扇三角洲前缘亚相	
	水上泥石流砂砾岩相	辫状河道砂砾岩相	水下分流河道砂砾岩相	河口坝砂岩相
孔隙结构	X65，T_1b，1610.26m	X70，T_1b，1772.53m	X18，T_1b，3906m	XY2，T_1b，4407.23m
典型井	X65	X77	M15	D9
曲线特征	齿化箱形，RT平均为340Ω·m，GR平均为86API	齿化钟形，RT平均为220Ω·m，GR平均为72API	微齿化—齿化箱形和钟形组合，RT平均为480Ω·m，GR平均为81API	微齿化—齿化漏斗形和箱形组合，RT平均为100Ω·m，GR平均为82API
物性	孔隙度：3.84%～9.37%/6.27% 渗透率：0.01mD～19.6mD/0.51mD		孔隙度：3.9%～16.4%/8.34% 渗透率：0.01mD～35mD/0.74mD	
地震响应特征	弱振幅、低连续、杂乱或空白反射		中—强振幅、中频、中连续、平行—亚平行反射	

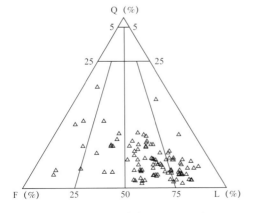

图 3-1　环玛湖斜坡区三叠系
百口泉组岩石成分三角图

一、岩石学特征

三叠系百口泉组主要发育扇三角洲沉积（雷振宇，2005；邹才能，2007；蔚远江，2007；李德江，2008；鲜本忠，2008；雷德文，2014；唐勇，2014；于兴河，2014；邹志文，2015；张顺存，2015）。储层沉积相主要为扇三角洲前缘水下分流河道微相和少量河口沙坝微相，岩性以砂质砾岩为主，砾石成分主要为岩屑，砂质颗粒中长石占一定比例（图3-1）。砾岩颜色以灰色和灰绿色为主，砾石大小不等，一般为2～40mm，最大可达 45mm，多呈次圆状，分选较差（图 3-2a）。砾石成分较复杂，主要为流纹岩、凝灰岩，其次为安山岩、花岗岩、石英岩、硅质岩和霏细岩，最大特点是含长石成分较多。砂岩颗粒一般呈次圆状，分选中等—好。砂质成分以凝灰岩岩屑为主，其次为长石和石英。结构组分中，填隙物含量少，其中胶结物以高岭石为主，其次为方解石、硅质和沸石类矿物（图 3-2b）。此外，环玛湖斜坡区扇三角洲平原辫状河道微相的岩性主要为褐色砾岩和砾岩（图 3-2c），具有分选差、磨圆中等—差、杂基含量多以及岩性致密的特点（图 3-2d）。

图 3-2　研究区三叠系百口泉组岩石显微照片

a—M131 井，3184.49m，灰色和灰绿色，砾石呈次棱角—次圆状，分选较差；b—M131 井，3189.75m，砾石间充填长石、石英和岩屑组成的砂级颗粒，杂基含量低；c—X92 井，2504.71m，褐色砾岩，扇三角洲平原辫状河道微相，砾石呈次棱角状；d—X92 井，2508.39m，杂基含量高，分选差，压实作用强烈，岩石致密

二、物性特征

根据研究区 90 余口井的物性资料统计分析，实测孔隙度普遍小于 15.0%，渗透率普遍小于 10.0mD，属低孔、特低渗型储层。储层孔隙度介于 3.17%～23.4% 之间，平均为 9.04%，渗透率为 0.01～934mD，平均为 0.73mD（图 3-3）。此外，研究还发现：一是渗透率异常高值往往对应着裂缝型次生孔隙，但由于研究区微裂缝次生孔隙发育很少，对整体物性影响不大；二是孔隙度和渗透率都较高的物性值总是与长石溶蚀的现象所对应。

三、孔隙结构特征

研究区储层主要发育原生孔隙和次生孔隙两种类型，其中次生溶孔是斜坡区最主要的孔隙类型（朱世发，2010；张从侦，2013；张顺存，2014；谭开俊，2014；曲永强，2015）。通过

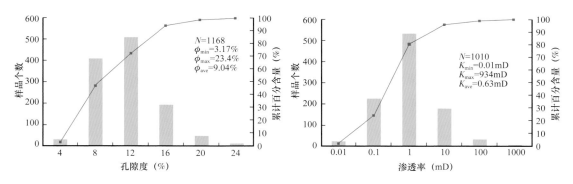

图 3-3　环玛湖斜坡区三叠系百口泉组次生孔隙储层物性直方图

对 150 余口井的岩石薄片、铸体薄片和扫描电镜分析,进一步表明目的层储集空间类型以溶蚀次生孔隙为主。并且次生孔隙又可分为几种类型,主要包括粒内溶孔(图 3-4a)、粒间溶孔、黏土收缩缝(图 3-4b)、基质溶孔和微裂缝(图 3-4c)。所形成的溶孔通常不规则,孔隙大小不一(直径 0.01~1mm),并残留有较多未溶的物质。通过统计不同类型次生孔隙的面孔率(每一类型孔隙体积分数为平均值),可以得出次生孔隙总体上具有"粒内溶孔＞粒间溶孔＞黏土收缩缝＞基质溶孔＞微裂缝"的规律(图 3-5)。

图 3-4　环玛湖斜坡区三叠系百口泉组储层次生孔隙类型

a—MA2 井,T_1b,3344.68m,长石粒内溶蚀孔隙;b—BAI112 井,T_1b,1171.78m,黏土收缩缝,含重油;

c—XY2 井,T_1b,4421m,凝灰岩岩屑内发育微裂缝;d—KE80 井,T_1b,3748.24m,长石栅状溶孔

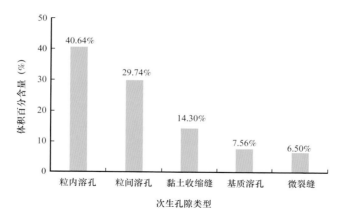

图 3-5　环玛湖斜坡区三叠系百口泉组储层次生孔隙类型直方图

此外，研究区次生孔隙储层中普遍存在长石被溶蚀的现象。铸体薄片中长石的溶蚀特征如下：富含长石的岩屑被大规模溶蚀，长石颗粒发生粒内溶蚀，单一长石颗粒内部可见众多的小溶孔（图 3-4d）。部分长石颗粒边缘被溶蚀，致使粒间孔扩大，溶蚀的长石与周围颗粒或呈不接触状态；也有的长石颗粒沿节理溶蚀，颗粒未溶部位与粒内溶孔相间呈栅状。

第二节　砾岩成岩圈闭遮挡层特征

一、遮挡层类型及物性特征

研究区内成岩圈闭的遮挡层类型主要有两种，分别是宏观成岩圈闭背景中的遮挡层和微观层次中的致密砾岩遮挡层。前者又细分为三个类型：上倾致密砾岩遮挡带、侧向泥岩带和非渗透顶底板层。本节重点讨论微观层次中的上倾致密砾岩遮挡层。根据研究区30 余口钻井的物性资料统计分析，砾岩遮挡层实测孔隙度普遍小于 6.5%，渗透率普遍小于 1mD。孔隙度介于 1.66%～6.5% 之间，平均为 3.77%，渗透率介于 0.01～232mD 之间，平均为 0.08mD（图 3-6）。

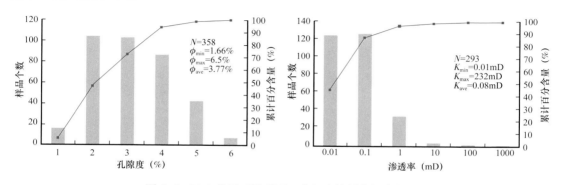

图 3-6　M18 井区三叠系百口泉组遮挡层物性直方图

二、孔隙结构特征

砾岩遮挡层砾石成分较复杂,主要为流纹岩、凝灰岩,其次为安山岩、花岗岩、石英岩、硅质岩和霏细岩。砾石颗粒一般呈次棱角状,分选差—中等(图 3-2a)。砂质成分以凝灰岩岩屑为主,其次为长石和石英。结构组分中,填隙物含量较储层高,其中胶结物以高岭石为主,其次为方解石、硅质和沸石类矿物(图 3-2b),孔隙不发育。此外,平原辫状河道微相的岩性主要为褐色砾岩和砂砾岩(图 3-2c),具有分选差、磨圆差、杂基含量多以及岩性致密的特点(图 3-2d)。总体来说,砾岩遮挡层较储层的孔隙结构明显变差,溶蚀现象不发育,孔隙喉道十分不规则,结合压汞分析,该区砾岩遮挡层孔隙喉道的分选系数小,平均毛管半径(r)介于 0~0.34μm,一般小于 0.1μm。

第三节　砾岩成岩圈闭空间分布特征

一、砾岩成岩圈闭剖面特征

选取玛北地区连井剖面(图 3-7)和横跨玛西黄羊泉扇、玛北夏子街扇的连井剖面(图 3-8),通过精细对比揭示斜坡带成岩圈闭的剖面特征。

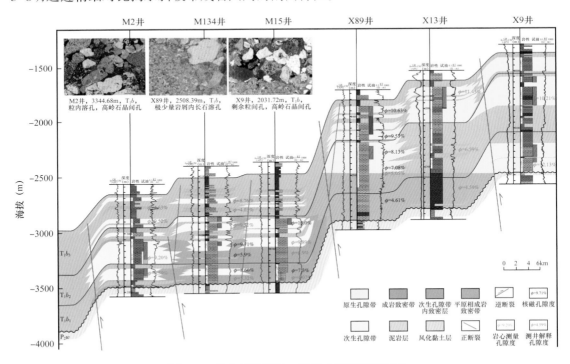

图 3-7　玛北斜坡区百口泉组成岩圈闭剖面图

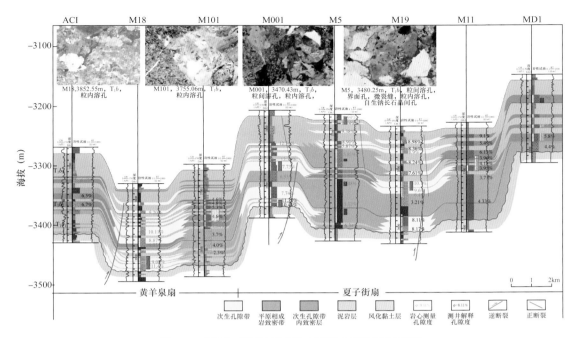

图3-8　玛西—玛北地区百口泉组成岩圈闭剖面图

从以上两幅连井剖面可以看出，M2井、M134井和M15井位于次生孔隙储层发育带，X89井和X13井底部百一段和部分百二段位于成岩致密带内，X89井、X13井的百二段和百三段及X9井位于成岩致密带的上倾方向的原生孔隙带内(图3-7)。AC1井、M101井、M5井和M11井主要发育扇三角洲平原相，岩性致密；M18井位于局部构造低部位，但有通源断裂直接沟通；M001井位于鼻状构造脊部，有通源断裂沟通；M19井位于鼻状构造翼部，也有通源断裂沟通；MD1井远离通源断裂发育区，砾岩整体致密(图3-8)。因此，剖面上除了目的层段的顶底板条件，自上而下存在三个带、原生孔隙带、成岩致密带以及次生孔隙带。

从实际钻井情况进一步展示次生孔隙带内储层的非均质性(图3-9)，可以看出，同在扇三角洲前缘亚相中的砾岩储层，物性及含油性差异较大。在大量实际数据的佐证下，该剖面清晰地展示了大套前缘亚相砾岩中，大量存在由物性较差的砾岩包裹物性较好的砾岩的情况，具有圈闭发育多、横向变化较大、纵向上叠置分布的特征。

二、砾岩成岩圈闭平面特征

通过对玛湖地区砾岩成岩圈闭的整体刻画，获得成岩圈闭的平面分布图(图3-10)。

斜坡区扇三角洲前缘亚相次生溶蚀孔隙储层的发育是形成玛湖凹陷百口泉组砂砾岩成岩圈闭的核心，其分布决定了成岩圈闭在凹陷斜坡区的分布。前已述及，次生孔隙储层主要发育在前缘相与流体优势运移通道的叠合部位，即前缘相与通源断裂的叠合部位(图3-10)。斜坡区百口泉组发育的通源断裂主要呈北北东—北东向展布的逆断层，其与成藏期百口泉组古鼻隆(夏子街古鼻隆、克拉玛依古鼻隆、盐北古鼻隆和夏盐古鼻隆)交切处是成

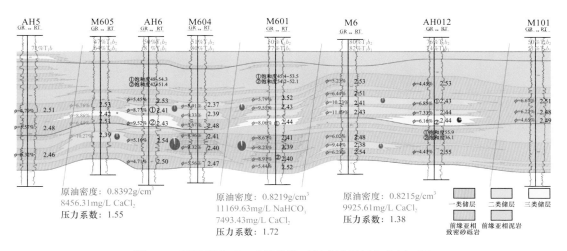

图 3-9　玛湖凹陷百口泉组前缘亚相成岩圈闭分布剖面图

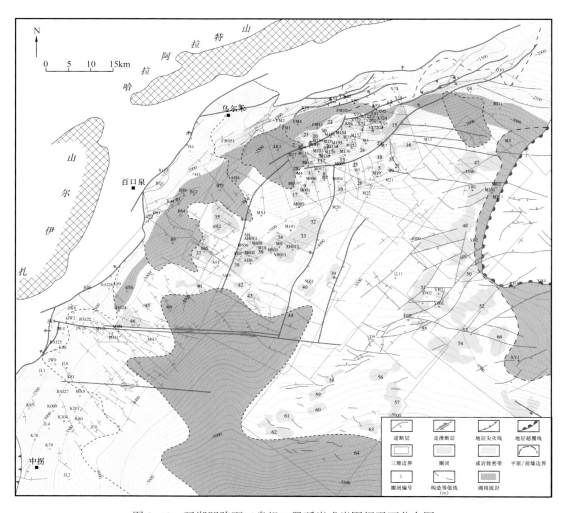

图 3-10　玛湖凹陷百口泉组二段砾岩成岩圈闭平面分布图

岩圈闭最有利的发育部位。整体上,玛湖凹陷百口泉组砾岩成岩圈闭主要由扇三角洲前缘次生孔隙储层、上倾方向部分扇三角洲前缘和扇三角洲平原成岩致密带、侧向遮挡带(前缘相砂砾岩致密层、水下分流河道间泥岩、其他物源体系的扇三角洲平原砂砾岩致密层)、不整合面风化黏土层或平原相砂砾岩致密层或湖泛泥岩底板和湖泛泥岩顶板构成。

利用 M131、MX1、MH1、M10、YB1、DA10、DBS 等三维地震资料,识别和评价玛湖凹陷百口泉组二段砾岩 86 个成岩圈闭(图 3-10,截至 2015 年年底),其圈闭要素统计表明(表 3-2),单体面积 0.4~55.8km²,平均 8.7km²,合计面积达 710.5km²;单体闭合高度 30~450m,高点埋深 2200~4850m,具有断裂切割、点多、面广、累计面积和埋深跨度大等特征。

表3-2 玛湖凹陷斜坡区三叠系百口泉组二段砾岩成岩圈闭要素统计表

圈闭编号	层位	圈闭名称	闭合度(m)	高点埋深(m)	圈闭面积(km²)	钻井情况
1	T_1b_2	FN1 井北物性圈闭	260	2260	5.2	已钻井 1 口,获油流
2	T_1b_2	FN15 井物性圈闭	240	2650	4.5	已钻井 2 口,获工业油流
3	T_1b_2	FN11 井物性圈闭	220	2590	2.2	已钻井 1 口,获油流
4	T_1b_2	FN11 井东物性圈闭	70	2680	2.7	
5	T_1b_2	X94 井西物性圈闭	90	2725	2.4	
6	T_1b_2	M131 井北物性圈闭	330	2800	4.8	
7	T_1b_2	M158 井北物性圈闭	150	2800	1.6	
8	T_1b_2	X94 井北断层物性圈闭	80	2720	2.9	
9	T_1b_2	X94 井断层物性圈闭	140	2780	6.6	已钻井 1 口,获油流
10	T_1b_2	M15 井断层物性圈闭	450	2875	14.3	已钻井 4 口,获工业油流
11	T_1b_2	M158 井物性圈闭	130	2850	1.8	已钻井 1 口,获油流
12	T_1b_2	M13 井物性圈闭	200	2960	4.9	已钻井 1 口,获油流
13	T_1b_2	M156 井物性圈闭	310	3000	6.4	已钻井 1 口,获油流
14	T_1b_2	M138 井物性圈闭	190	3110	4.5	已钻井 1 口,获油流
15	T_1b_2	M152 井物性圈闭	300	2910	2.2	已钻井 1 口,获工业油流
16	T_1b_2	M136 井物性圈闭	240	3250	4.6	已钻井 1 口,获油流
17	T_1b_2	M3 井西物性圈闭	300	3210	2.6	
18	T_1b_2	X72 井断层物性圈闭	320	2500	8.5	已钻井 3 口,获工业油流
19	T_1b_2	X7202 井物性圈闭	330	2700	7.3	已钻井 2 口,获工业油流
20	T_1b_2	X724 井物性圈闭	100	2600	0.8	已钻井 1 口,获油流

续表

圈闭编号	层位	圈闭名称	闭合度（m）	高点埋深（m）	圈闭面积（km²）	钻井情况
21	T_1b_2	M7 井北物性圈闭	240	3210	2.3	
22	T_1b_2	M7 井东物性圈闭	150	3370	11.8	
23	T_1b_2	M7 井南Ⅰ号物性圈闭	80	3460	2.2	
24	T_1b_2	M7 井南Ⅱ号物性圈闭	50	3580	1.4	
25	T_1b_2	M7 井南Ⅲ号物性圈闭	30	3590	0.6	
26	T_1b_2	M19 井北Ⅰ号物性圈闭	50	3650	1.4	
27	T_1b_2	M19 井北Ⅱ号物性圈闭	70	3450	1.1	
28	T_1b_2	M19 井物性圈闭	150	3540	7.9	已钻井 1 口，获工业油流
29	T_1b_2	M19 井北Ⅲ号物性圈闭	50	3640	1.5	
30	T_1b_2	M5 井北物性圈闭	100	3450	1.7	
31	T_1b_2	M004 井东Ⅰ号物性圈闭	70	3780	1	
32	T_1b_2	M5 井南物性圈闭	200	3600	1.8	
33	T_1b_2	M004 井东Ⅱ号物性圈闭	120	3700	5.1	
34	T_1b_2	M006 井物性圈闭	150	3270	11.4	已钻井 2 口，获工业油流
35	T_1b_2	M2 井物性圈闭	100	3340	5.2	已钻井 2 口，获工业油流
36	T_1b_2	M001 井物性圈闭	240	3375	5.3	已钻井 1 口，获工业油流
37	T_1b_2	M009 井物性圈闭	310	3400	10.1	已钻井 2 口，获工业油流
38	T_1b_2	M001 井东物性圈闭	60	3550	0.4	
39	T_1b_2	M101 井东Ⅰ号断层物性圈闭	400	3860	16.8	
40	T_1b_2	M101 井东Ⅱ号断层物性圈闭	350	3940	18.3	
41	T_1b_2	AH012 井断层物性圈闭	230	4000	16.9	已钻井 1 口，见显示
42	T_1b_2	AH011 井断层物性圈闭	200	3970	7.3	已钻井 1 口，获工业油流
43	T_1b_2	M6 井断层物性圈闭	140	3870	9.6	已钻井 1 口，获工业油流
44	T_1b_2	M18 井物性圈闭	370	3600	19.6	已钻井 4 口，获工业油流
45	T_1b_2	AH1 井物性圈闭	240	3740	25.7	已钻井 4 口，获工业油流
46	T_1b_2	AH11 井物性圈闭	340	2850	12.6	已钻井 1 口，获工业油流
47	T_1b_2	AH2 井物性圈闭	500	3000	31.9	已钻井 2 口，获工业油流
48	T_1b_2	AH8 井物性圈闭	150	3150	4.5	已钻井 1 口，获油流

圈闭编号	层位	圈闭名称	闭合度（m）	高点埋深（m）	圈闭面积（km²）	钻井情况
49	T_1b_2	AH9 井物性圈闭	200	3390	7.6	已钻井 1 口，获油流
50	T_1b_2	AH9 井南物性圈闭	350	3370	10.5	
51	T_1b_2	AH5 井南Ⅰ号物性圈闭	100	3980	6.8	
52	T_1b_2	AH5 井南Ⅱ号物性圈闭	450	4050	8.9	
53	T_1b_2	MZ1 井物性圈闭	350	4310	11.3	已钻井 1 口
54	T_1b_2	MZ1 井东物性圈闭	130	4470	8.8	
55	T_1b_2	XY1 井南物性圈闭	270	4850	27.5	
56	T_1b_2	XY1 井西Ⅰ号物性圈闭	200	4750	55.8	
57	T_1b_2	XY1 井西Ⅱ号物性圈闭	160	4550	23.5	
58	T_1b_2	D9 井东物性圈闭	150	4850	14.6	
59	T_1b_2	D10 井南断层物性圈闭	50	4840	6.1	
60	T_1b_2	Y001 井东物性圈闭	200	4620	16.5	
61	T_1b_2	XY2 井东Ⅰ号物性圈闭	150	4450	8.9	
62	T_1b_2	XY2 井东Ⅱ号物性圈闭	250	4350	9.4	
63	T_1b_2	XY2 井物性圈闭	160	4550	12.9	
64	T_1b_2	D10 井物性圈闭	220	4670	20.2	已钻井 1 口，见油气显示
65	T_1b_2	Y002 井物性圈闭	70	4610	6.2	已钻井 2 口，见油气显示
66	T_1b_2	XY2 井北Ⅰ号物性圈闭	75	4530	3.6	
67	T_1b_2	XY2 井北Ⅱ号物性圈闭	200	4330	13.5	
68	T_1b_2	XY2 井北断层物性圈闭	120	4240	4.8	
69	T_1b_2	YB2 井南物性圈闭	70	4130	2.3	
70	T_1b_2	YB2 井西Ⅰ号物性圈闭	170	4150	6.2	
71	T_1b_2	YB2 井西Ⅱ号物性圈闭	80	4170	2.6	
72	T_1b_2	D13 井北物性圈闭	70	4250	3.9	
73	T_1b_2	D13 井西物性圈闭	150	4300	13.7	
74	T_1b_2	D11 井北Ⅰ号物性圈闭	100	4430	13.7	
75	T_1b_2	D11 井北Ⅱ号物性圈闭	70	4350	4.3	
76	T_1b_2	D11 井西Ⅰ号物性圈闭	120	4470	5.1	

续表

圈闭编号	层位	圈闭名称	闭合度（m）	高点埋深（m）	圈闭面积（km²）	钻井情况
77	T_1b_2	D11 井西Ⅱ号物性圈闭	120	4500	6.6	
78	T_1b_2	D11 井西Ⅲ号物性圈闭	50	4590	2.7	
79	T_1b_2	D11 井南Ⅰ号物性圈闭	140	4575	10.6	
80	T_1b_2	D11 井西Ⅴ号物性圈闭	50	4625	4.9	
81	T_1b_2	D11 井西Ⅵ号物性圈闭	50	4670	3.2	
82	T_1b_2	D11 井西Ⅶ号物性圈闭	30	4700	1.5	
83	T_1b_2	D11 井南Ⅱ物性圈闭	130	4650	5.1	
84	T_1b_2	D11 井物性圈闭	240	4390	31.6	已钻井 1 口,工业油流
85	T_1b_2	YB1 井物性圈闭	200	3820	10.6	已钻井 1 口,工业油流
86	T_1b_2	M133 井物性圈闭	240	3130	15.6	已钻井 2 口,获工业油流

　　受百口泉组整体水进沉积控制,相带向物源方向迁移,沉积砂体逐层退积,致使百口泉组一段、二段和三段的成岩圈闭在空间上具有横向连片、纵向叠置展布的特征（图 3-11 ）。

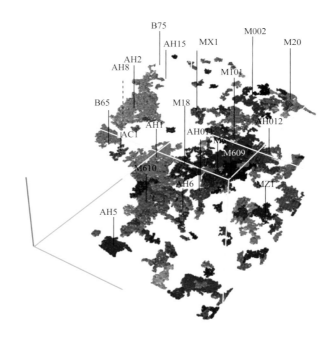

图 3-11　MH 连片三维地震工区百口泉组砾岩成岩圈闭空间分布

第四节　砾岩成岩圈闭典型实例

以 M18 井区为例,充分应用钻测井资料以及地震数据对其进行解剖,精细刻画砾岩成岩圈闭剖面及平面分布,佐证前文所述典型砾岩成岩圈闭的特征。

百口泉组埋深在 2700～3800 m 之间,所处相带均为扇三角洲前缘相,首先应用三维地震数据对目的层进行属性提取,揭示储层平面分布特征。

地震数据携带大量储层信息,基于 Zopplize 方程(Mavko 和 Dvorkin,1998),利用叠前反演技术可从叠前道集中提取各叠前地震参数(Shuey,1985),其具有各自的地质意义。同时反演是叠前反演的最高形式,它利用不同炮检距或角道集数据和横波、纵波、密度等测井资料,联合反演出与岩性、物性、含油气性相关的纵波速度、横波速度、密度等参数(Larsen,1999;Helen 和 Landrø,2006;Hu 等,2011;Chen 和 Glinsky,2013)。工区已知钻井甜点储层普遍具有较低的纵横波速度比值(v_p/v_s),因此利用叠前同时反演方法反演出 v_p/v_s ,从而实现对甜点储层的预测。百口泉组储层平面分布特征如图 3-12 所示。

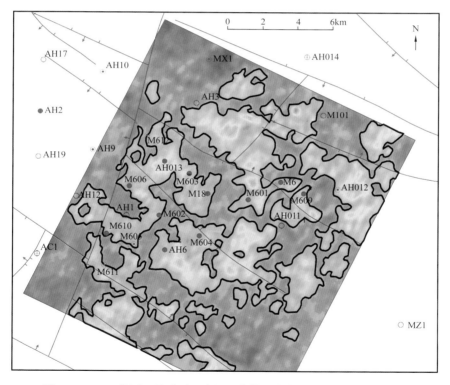

图 3-12　M18 井区三叠系百口泉组二段储层分布图(叠前 v_p/v_s 属性图)

钻探表明,M18 井区油藏的原油物性、油藏压力、油气水产出状态差异大,在同样的前缘相连片分布的砾岩中又可划为 7 个油藏单元(图 3-13),各油气藏特征参数如表 3-3。因此,从平面上看,M18 井区百口泉组油藏均具有成岩圈闭特征。选取两条典型剖面对 M18 井区油藏进行解剖(剖面图如图 3-14、图 3-15,平面位置如图 3-13)。首先,目的层具有较好的顶底板条件,中间发育有利前缘相带,符合成岩圈闭的宏观背景条件。其次,除了 AH5 井、M101 井和 AH011 井之外,其他 9 口井在百口泉组二段均发育次生孔隙储层,而各油藏单元之间为致密前缘相砾岩,岩石是否致密均有物性数据以及叠前反演支持(图 3-14、图 3-15),因此,在次生孔隙发育带内形成了多个岩性相同、物性不同的非均质性较强的砾岩成岩圈闭。通过 M18 井区的实例解剖,佐证了研究区三叠系百口泉组具有前文所述典型砾岩成岩圈闭模型的特征。

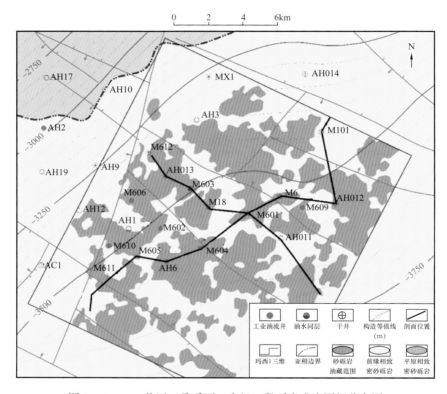

图 3-13   M18 井区三叠系百口泉组二段砾岩成岩圈闭分布图

表 3-3   M18 井区三叠系百口泉组二段油气藏特征参数表

油藏编号	面积(km²)	典型井	气油比	压力(MPa)/温度(℃)	原油密度(g/cm³)/黏度(mPa·s)	储层厚度(m)	储层孔隙度(%)	围岩孔隙度(%)	储层与围岩孔喉半径比值	储层波阻抗值[(g/cm³)·(m/s)]	围岩波阻抗值[(g/cm³)·(m/s)]
①	23.8	M6、M601	224~318		0.8151~0.8215/59.7	4~11	9.89	5.32	66.5	-1003	965
②	14.6	AH012	不产气	无数据	0.8368/6.56	4~8	8.46	5.14	11.2	-590	1098
③	3.5	M609	不产气	无数据	0.8253/8.91	15	9.23	4.65	35.4	-988	856

续表

油藏编号	面积（km²）	典型井	气油比	压力（MPa）/温度（℃）	原油密度（g/cm³）/黏度（mPa·s）	储层厚度（m）	储层孔隙度（%）	围岩孔隙度（%）	储层与围岩孔喉半径比值	储层波阻抗值 [（g/cm³）·（m/s）]	围岩波阻抗值 [（g/cm³）·（m/s）]
④	4.2	M18	不产气	无数据	无数据	17	10.19	5.14	123.3	−2467	704
⑤	20.2	AH013、M606、M610、M602	0～37	53.61/91.84	0.8175～0.8221/	6～17	9.33	6.39	78.7	−1298	655
⑥	22.9	AH6、M604	不产气	64.24/94.37	0.8364～0.8392/	5～13	9.77	5.52	243.3	−3110	774
⑦	12.3	M611	不产气	/96.07	0.8129/2.98	5	8.54	5.22	9.5	−540	523

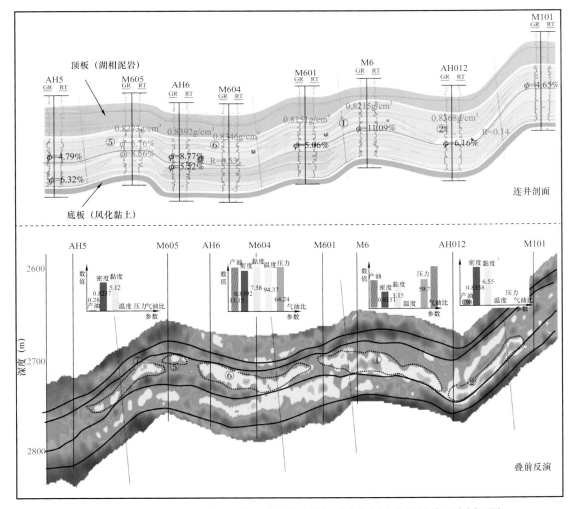

图3-14　M18井区三叠系百口泉组砾岩成岩圈闭垂直物源连井及叠前反演剖面图

各物理量单位：油藏温度（℃）、压力（MPa）、原油密度（g/cm³）、原油黏度（mPa·s）、气油比（无量纲）

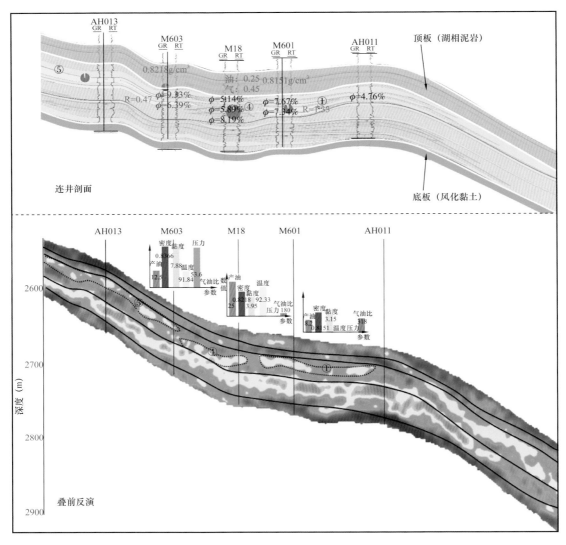

图 3-15　M18 井区三叠系百口泉组砾岩成岩圈闭顺物源连井及叠前反演剖面图
各物理量单位：油藏温度（℃）、压力（MPa）、原油密度（g/cm³）、原油黏度（mPa·s）、气油比（无量纲）

参 考 文 献

Chen J S，M E Glinsky. 2013. Stochastic inversion of seismic PP and PS data for reservoir parameter estimation［J］. SEG Technical Program Expanded Abstracts，305-309.

Helen V，M Landr. 2006. Simultaneous inversion of PP and PS seismic data［J］. Geophysics，71：R1-R10.

Hu G Q，Y Liu，X C Wei，et al. 2011. Joint PP and PS AVO inversion based on Bayes theorem［J］. Applied Geophysics，8：293-302.

Larsen J A. 1999. AVO inversion by simultaneous P-P and P-S inversion［D］. Calgary：University of Calgary，9-37.

Mavko G，T Mukerji，J Dvorkin. 1998. Rock physics handbook［M］. Cambridge：Cambridge University Press，51-

55.

Shuey R T. 1985. A simplification of the Zoeppritz equations [J]. Geophysics, 50: 609–614.

雷德文, 阿布力米提, 唐勇, 等. 2014. 准噶尔盆地玛湖凹陷百口泉组油气高产区控制因素与分布预测 [J]. 新疆石油地质, 35 (5): 495–499.

雷振宇, 鲁兵, 蔚远江, 等. 2005. 准噶尔盆地西北缘构造演化与扇体形成与分布 [J]. 石油与天然气地质, 26 (1): 86–91.

李德江, 杨威, 谢增业, 等. 2008. 准噶尔盆地克百地区三叠系成岩相定量研究 [J]. 天然气地球科学, 19 (4): 468–474.

曲永强, 王国栋, 谭开俊, 等. 2015. 准噶尔盆地玛湖凹陷斜坡区三叠系百口泉组次生孔隙储层的控制因素及分布特征 [J]. 天然气地球科学, 26 (S1): 50–63.

谭开俊, 王国栋, 罗惠芬, 等. 2014. 准噶尔盆地玛湖斜坡区三叠系百口泉组储层特征及控制因素 [J]. 岩性油气藏, 26 (6): 83–88.

唐勇, 徐洋, 瞿建华, 等. 2014. 玛湖凹陷百口泉组扇三角洲群特征及分布 [J]. 新疆石油地质, 2014, 36 (6): 628–635.

蔚远江, 李德生, 胡素云, 等. 2007. 准噶尔盆地西北缘扇体形成演化与扇体油气藏勘探 [J]. 地球学报, 28 (1): 62–71.

鲜本忠, 徐怀宝, 金振奎, 等. 2008. 准噶尔盆地西北缘三叠系层序地层与隐蔽油气藏勘探 [J]. 高校地质学报, 14 (2): 172–180.

于兴河, 瞿建华, 谭程鹏, 等. 2014. 玛湖凹陷百口泉组扇三角洲砾岩岩相及成因模式 [J]. 新疆石油地质, 35 (6): 619–627.

张从侦, 张越迁, 牛志杰, 等. 2013. 准噶尔盆地次生孔隙型油气藏特征及其勘探前景 [J]. 新疆石油地质, 34 (1): 45–49.

张顺存, 蒋欢, 张磊, 等. 2014. 准噶尔盆地玛北地区三叠系百口泉组优质储层成因分析 [J]. 沉积学报, 32: 1171–1180.

张顺存, 邹妞妞, 史基安, 等. 2015. 准噶尔盆地玛北地区三叠系百口泉组沉积模式 [J]. 石油与天然气地质, 36 (4): 640–650.

朱世发, 朱筱敏, 王一博, 等. 2010. 准噶尔盆地西北缘克百地区三叠系储层溶蚀作用特征及孔隙演化 [J]. 沉积学报, 28 (3): 547–555.

邹才能, 侯连华, 匡立春, 等. 2007. 准噶尔盆地西缘二叠－三叠系扇控成岩储集相成因机理 [J]. 地质科学, 42 (3): 587–601.

邹志文, 李辉, 徐洋, 等. 2015. 准噶尔盆地玛湖凹陷下三叠统百口泉组扇三角洲沉积特征 [J]. 地质科技情报, 34 (2): 20–26.

67

第四章 玛湖凹陷斜坡区
砾岩成岩圈闭成因机制

第一节 砾岩成岩圈闭形成的主要控制因素

玛湖凹陷斜坡区百口泉组砾岩成岩圈闭形成的基本地质条件包括断裂、沉积层序以及成岩演化。三者对成岩圈闭内次生孔隙储层和成岩致密层的形成、圈闭的结构及分布具有控制作用。

一、断裂对成岩圈闭形成的控制作用

前文已述及,玛湖凹陷斜坡区发育三种断裂样式,第一种样式为近平行于凹陷边界断裂(西北缘山前逆掩断裂带)的压扭性质断裂,该类断裂为海西中期—印支期西准噶尔地区受侧向挤压向盆地方向推覆,并沿盆地方向形成一系列叠瓦状古凸构造,断裂分割古凸构造,卷入层位从石炭系到三叠系克拉玛依组,是玛湖凹陷重要的通源断裂。第二种样式为近垂直于边界断裂的走滑断裂,该类断裂大都切穿了三叠系,在部分地区甚至切割了侏罗系、白垩系(谭开俊等,2008),如位于克拉玛依地区的大侏罗沟断裂。断层从深部石炭系一直断至下白垩统,表明它是海西期、印支期和燕山期持续活动的产物,是玛湖斜坡区多期油气垂向运移的通道。第三种样式为与上述两组断裂呈剪切关系形成的断裂,通常是走滑断裂伴生的羽状剪切断裂,在剖面呈"Y"形(倾角一般在70°左右),多形成于印支中期—燕山期,断开层位为中二叠统—三叠系(陈永波等,2015)。由于上述三种样式的断裂均是晚侏罗世—早白垩世玛湖凹陷高熟油气充注之前或期间形成的,可以构成纵向输导网络(图4-1),为烃源岩演化过程中产生的酸性水介质进入百口泉组前缘相砾岩中,溶蚀长石形成次生溶蚀孔隙,为储层提供良好的输导条件。因此从成岩圈闭的分布看,成岩圈闭一般分布在输导断裂与扇三角洲前缘叠合区附近及断裂上倾方向上(图4-2),三类断裂对成岩圈闭的平面分布具有明显控制作用。

二、沉积及层序演化对成岩圈闭的控制作用

百口泉组沉积于二叠系顶部区域不整合之上,是一套由砾岩和砂质砾岩等粗碎屑沉积为主的扇三角洲沉积(支东明等,2018)。百口泉组整体为垂向向上岩性变细、泥岩增加的湖侵旋回。三叠系内部由于沉积的连续性大都表现为整一特征,依据岩性、电性标志进一步

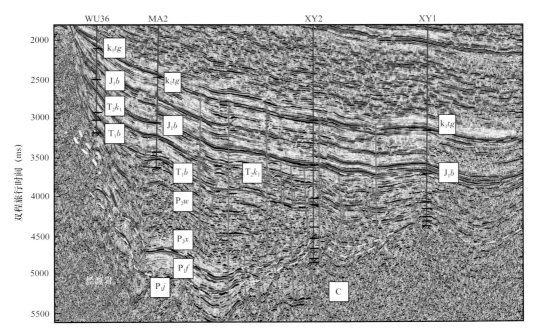

图 4-1 玛湖凹陷斜坡区北西—南东向的断裂输导体系地震地质解释剖面

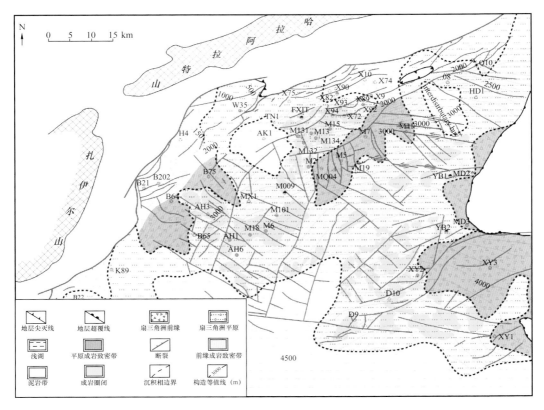

图 4-2 玛湖凹陷百口泉组成岩圈闭分布平面图

将其细分为 3 个四级层序(马永平等,2015),分别对应百口泉组一段、二段和三段(图 4-3)。百一段岩性以厚层灰褐色、杂色砾岩为主,夹薄层泥岩,砂地比为 18.6%～90.24%,平均为53.68%。测井曲线表现为低伽马、高电阻特征,以厚层箱形为主,顶部略呈钟形,且曲线齿化特征明显,表明百一段为水进沉积过程;百二段岩性过渡为以厚层灰色、深灰色块状砾岩为主,泥岩夹层厚度较薄、数量较少,砂地比为 30.50%～96.15%,平均为 68.54%。电性特征同样为低伽马、高电阻厚层箱形,曲线齿化特征不明显,表明百二段在可容纳空间充足条件下,物源供给充足,沉积过程相对稳定;百三段岩性以灰色、绿灰色厚层泥岩为主,其间发育薄层砾岩、含砾细砂岩等,呈"泥包砂"特征,粒度向上明显变细,砂地比为 5.12%～63.88%,平均为 23.49%。测井曲线呈典型钟形特征,表明大规模水进过程中可容纳空间较大,而物源供给相对不足。

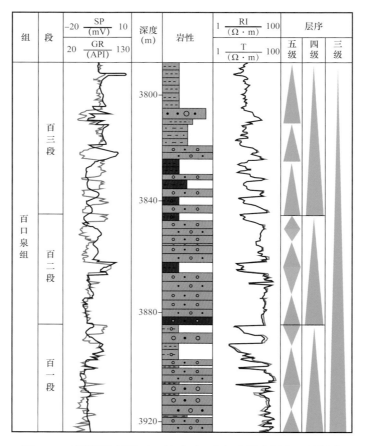

图 4-3　玛湖凹陷斜坡区三叠系百口泉组高精度层序地层划分

　　百口泉组成岩圈闭主要发育在百口泉组一——二段厚层状砾岩段,主要受控于百二段沉积及层序。百口泉组一段主要为不整合面上的填平补齐沉积,在斜坡区高部位,沉积相带主要为扇三角洲平原相,其砾岩中泥质杂基含量高,不利于后期次生孔隙的发育,而斜坡区向盆地方向过渡为扇三角洲前缘相,砾岩中泥质杂基含量低,砾石间主要充填砂质成分,砾岩具有较好的渗透性,有利于酸性水介质对长石的溶蚀。百口泉组二段在斜坡区主要为水进阶段扇三角洲前缘沉积,厚层状前缘相砾岩广泛发育,泥质杂基含量低,是溶蚀孔发育的有利岩相。离断层越远,厚层状砾岩的溶蚀孔发育越少,物性越差,现今主要为成岩致密层,百二段整体有利于成岩圈闭的发育。百三段主要为高水位阶段的薄层砾岩,由于层薄,导致分布范围小,断裂与砂体匹配形成溶蚀性孔隙储层的概率较低,即使形成次生孔隙储层,由于其遮挡层往往为湖相泥岩,因此形成的圈闭往往为泥岩遮挡的岩性圈闭,而非成岩圈闭。因此,百口泉组的沉积及层序控制了成岩圈闭在百口泉组内的相带及层序位置。

三、成岩演化对成岩圈闭的控制作用

玛湖凹陷百口泉组扇三角洲储层的埋深介于 1000～5000m 之间,储层成岩作用阶段跨度大,断裂带和高部位鼻状构造带储层主要处于早成岩晚期,除此之外的广大斜坡带储层主要处于中成岩阶段(图4-4)。随着埋深的增加,孔隙度在3000m以浅储层有规律地逐渐减小,但在埋深介于 3000～4500m 之间发育一个储层孔隙增大带。从成岩演化看,埋深3000m以浅的储层主要处于早成岩晚期至中成岩最早阶段,以成岩压实作用为主,储层压实减孔规律明显。该阶段储层孔隙度介于 5%～25% 之间,储集空间主要以原生孔隙为主,发育少量粒内长石次生溶蚀孔隙。3000m以深储层主要处于中成岩阶段,储层压实减孔作用已不明显,主要以后溶解成岩作用为主,储层内长石颗粒、含长石岩屑颗粒和局部鼻状构造带上粒间方解石溶蚀作用明显,储层储集空间主要为长石粒内溶蚀孔,局部发育粒间黏土收缩孔。从

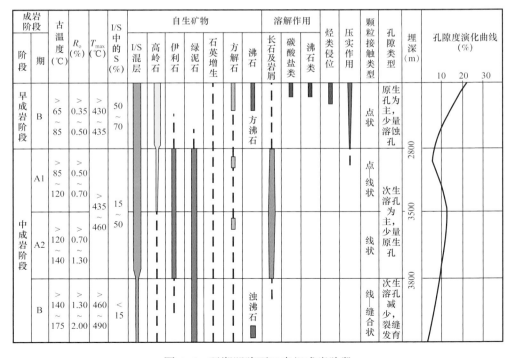

图 4-4　玛湖凹陷百口泉组成岩阶段

71

埋深较浅的断裂带到斜坡带,按照储层储集空间的类型在空间上可依次划分为原生孔隙带、成岩致密带和次生孔隙带。

总体来看,成岩阶段和成岩作用的差异性主要由岩石成分、埋深、断裂控制的酸性流体环境等因素决定,岩石成分是内在物质基础,埋深和断裂控制的酸性流体环境是外在条件,达到一定埋深条件的前缘相砾岩在酸性流体环境中形成次生孔隙储层,长石溶解成岩作用明显。若条件不满足时,则发育砾岩成岩致密带。因此,砾岩的差异性成岩作用是其成储、成圈的根本原因,主要表现为对储层质量的重要影响。

沉积储层在埋藏过程中要经历一系列的成岩过程,同时伴随着储层结构和物性的变化,受岩石成分、结构和成岩环境(温度、压力、流体、构造)等因素的影响(Scherer,1987;Bjørlykke 等,1989;Ehrenberg,1990;Midtbø等,2000;Bloch 等,2002;刘震等,2007;潘高峰等,2011;渠冬芳等,2012;操应长等,2013),导致储层物性的变化过程复杂,非均质性强。通过对玛湖凹陷百口泉组砾岩储层显微观察表明,储层物性主要与成岩作用有关,而成岩作用的差异性主要受岩石成分、与埋藏相关的古地温以及地层流体环境有关。

(一)岩石成分的影响

岩石成分对成岩作用的影响主要体现在泥质杂基和碎屑长石的含量上。扇三角洲平原砾岩的泥质杂基含量明显高于扇三角洲前缘砾岩的泥质杂基含量(图 4-5)。在早成岩阶段的压实过程中扇三角洲平原相砾岩由于泥质杂基含量高、颗粒支撑作用弱而快速减孔,导致原生孔隙快速减少。在中成岩溶蚀增孔阶段,由于扇三角洲平原砾岩中颗粒长石含量低,导致基本无次生孔隙的形成。扇三角洲前缘相砾岩在经历早成岩阶段的减孔作用后,在中成岩阶段由于长石溶解作用导致储层物性得到改善(图 4-6),但并非所有前缘相均能发育成有效储层,有效储层的形成主要取决于作为酸性水介质运移通道的断裂的发育程度和经历机械搬运后含长石母岩碎裂后产生的颗粒长石的含量。断裂是否发育,决定了酸性水介质能否运移进入砾岩,若断裂不发育,酸性水介质不能进入前缘相砾岩,长石溶解的条件不满足,前缘相砾岩储集物性未得到改善,成为成岩致密层;若断裂发育,酸性水介质进入砾岩

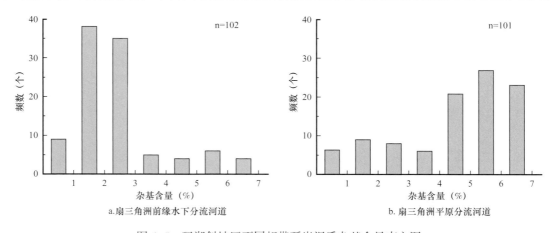

a.扇三角洲前缘水下分流河道　　　　　b.扇三角洲平原分流河道

图 4-5　玛湖斜坡区不同相带砾岩泥质杂基含量直方图

后对颗粒长石溶解而产生次生孔隙,储集物性得到改善,改善的程度主要与颗粒长石含量有关,颗粒长石含量越高,储层中的长石溶蚀孔在总孔隙中的占比就越大(图4-7、图4-8)。

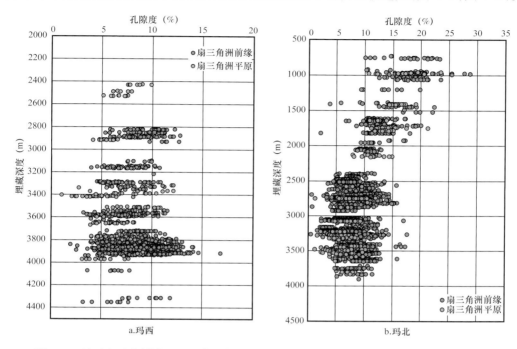

图4-6 玛西和玛北斜坡区百口泉组扇三角洲前缘与平原砾岩孔隙度与埋藏深度关系图

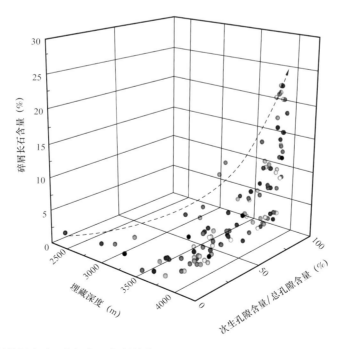

图4-7 玛西斜坡区百口泉组扇三角洲前缘砾岩埋深、长石溶蚀孔占比与碎屑长石含量关系图

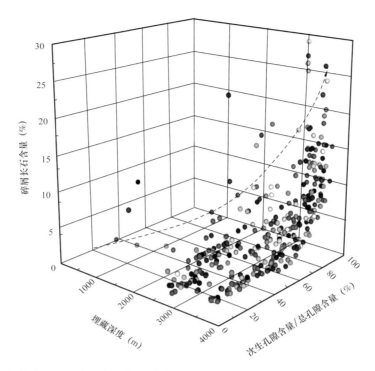

图 4-8　玛北斜坡区百口泉组扇三角洲前缘砾岩埋深、长石溶蚀孔占比与碎屑长石含量关系图

（二）与埋藏相关的古地温影响

古地温对储层物性的影响主要体现在长石次生溶蚀孔隙发育在一定的地层温度带内。玛西黄羊泉扇三角洲前缘相砾岩埋深大于 3200m 时，储层中的长石溶蚀次生孔占比达到 50% 以上，对应的地层温度约为 97℃（图 4-9）。玛北夏子街扇三角洲前缘相砾岩中次生溶蚀孔占 50% 时的埋深约为 2500m，对应的地层温度为 62℃（图 4-10）。虽然两者次生孔隙占比为 50% 时的古地温有差别，但次生孔隙的主要发育段均对应着较高的古地温（大于 80℃），对应的地质时间为早侏罗世之后（图 4-11、图 4-12），而该时期正是玛湖凹陷烃源岩的第二次规模排烃期。虽然碎屑长石溶蚀孔隙的形成机制一直存在争议（Carothers 和 Kharaka，1978；Schmidt 和 McDonald，1979；Bjølykke，1984；Kharaka 等，1986；Harrison 和 Thyne，1994；Taylor 等，2010），但从扫描电镜下可观察到溶蚀的长石与自生石英和高岭石并存于孔隙中（图 4-13），推断长石在酸性地层环境下溶蚀高岭石化，同时释放氧化硅，氧化硅因为溶解度极低而发生沉淀，这一过程遵循下列化学反应：

$$2KAlSi_3O_8 + 2H^+ + 9H_2O \rightarrow Al_2Si_2O_5(OH)_4 + 4H_4SiO_4 + 2K^+$$

$$2KAlSi_3O_8 + 2H^+ + H_2O \rightarrow Al_2Si_2O_5(OH)_4 + 4SiO_2 + 2K^+$$

而上述反应发生的最佳温度条件为 80～140℃（Lundegard 和 Kharaka，1990；MacGowen 和 Surdam，1990），与研究区长石溶蚀孔发育的古地温相近。

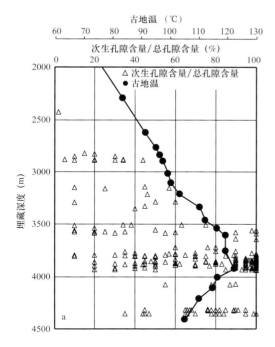

图 4-9 玛西斜坡区百口泉组扇三角洲前缘砾
岩长石溶蚀孔占比、地层温度与埋深关系图

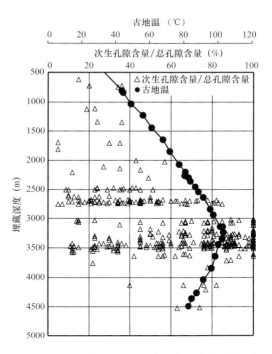

图 4-10 玛北斜坡区百口泉组扇三角洲前缘砾
岩长石溶蚀孔占比、地层温度与埋深关系图

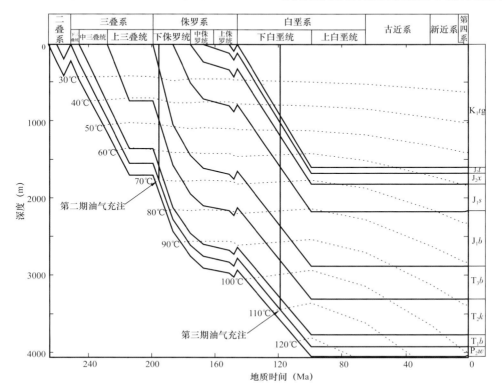

图 4-11 M18 井埋藏史—热史图

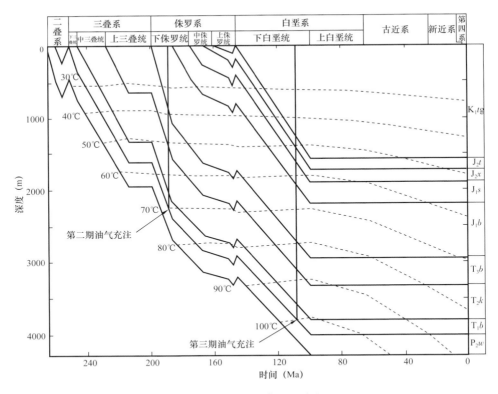

图 4-12　M13 井埋藏史—热史图

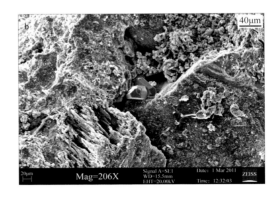

图 4-13　百口泉组长石溶蚀孔隙（a）及扫描电子显微镜下长石溶蚀、自生石英和高岭石并存（b）

（三）地层流体环境影响

　　长石的溶解主要发生在酸性地层水环境下，部分溶解的长石、粒间自生的高岭石与石英的同时存在是长石在酸性水环境下被溶蚀的证据（图 4-13）。百口泉组酸性水环境的形成主要与早期油气充注有关，三叠系百口泉组沉积后，玛湖凹陷存在早三叠世、晚三叠世—早侏罗世和早白垩世三期规模油气充注，与三期油气充注相伴随的大量酸性水介质为长石的溶解提供了酸性地层水环境。

综上所述，深埋条件下百口泉组储层物性的改善与长石溶蚀形成的次生孔隙有关，前缘相储层中的颗粒长石在弱酸性流体环境中，达到一定地温条件时发生溶解而形成次生孔隙，长石溶解的量主要取决于颗粒长石的含量、弱酸性的地层流体以及古地温的高低。同样是前缘相砾岩体，当上述三个条件不满足时，即颗粒长石含量低、非酸性地层水环境或未在适当的古地温区间时，砾岩体储集物性难以得到有效改善，其将成为成岩致密层，对油气只能起遮挡作用。

第二节　成岩圈闭的形成机制及成因模式

一、构造、沉积、成岩共同作用是成岩圈闭形成的根本原因

百口泉组砾岩成岩圈闭的形成是构造、沉积、成岩共同作用的结果。构造为成岩圈闭的形成提供了成岩环境，主要体现在两个方面，一是埋藏作用，主要影响古地温和成岩阶段；二是断裂活动，含酸性水介质的地层流体主要沿印支—燕山期活动的断裂进入百口泉组，为断裂发育区提供了酸性地层水环境。沉积是成岩圈闭形成的基础，扇三角洲平原与前缘砾岩在泥质杂基含量、碎屑长石含量和储层结构上的明显差异，是导致平原相成岩致密层和前缘相次生孔隙储层形成的物质基础。沉积的另外作用是为成岩圈闭提供了顶、底板和侧向遮挡条件，成岩圈闭的顶、底板和侧向遮挡除了成岩致密层外，还包括湖相泥岩和不整合面附近的风化黏土层。差异性成岩作用是成岩圈闭形成的关键，扇三角洲平原相储层泥质杂基含量高、分选差，埋藏后经受了机械压实作用和自生黏土矿物胶结作用，原生孔隙基本消失，同时由于储层结构差、碎屑长石含量低，不利于地层流体的流动以及溶解作用的发生，后期储集条件未有改善，一直低于储层临界物性而成为成岩致密层。斜坡区广泛发育的扇三角洲前缘相砾岩，早成岩阶段(前侏罗纪)经受压实和胶结作用，原生孔隙快速减少；中成岩阶段(侏罗纪—白垩纪)油气沿断裂充注带来的酸性水介质提供了长石溶解所需的地化学条件，但溶解作用对储层的改善并不是在前缘相砾岩中广泛发生的，而是受到碎屑长石含量、地层温度以及与层间断裂有关的酸性地层条件制约。溶解的地质条件满足时，形成长石溶蚀孔储层，溶蚀条件较差或不满足时，溶蚀程度低以及未溶蚀的前缘相砾岩则成为成岩致密层，两者由是否达到储层临界物性条件来区分。

早白垩世以后玛湖凹陷长期处于抬升剥蚀状态，上白垩统及其以上地层不发育，并且伴随着地温梯度的逐渐减小(邱楠生等，2002)，这种宏观地质条件直接导致早白垩世以来百口泉组的埋藏深度基本没有变化，同时随着地温逐渐降低，早白垩世形成的成岩致密带的进一步成岩改造受到抑制，岩石物性基本没有变化，是早白垩世形成的成岩圈闭保存至今的主要原因。

二、砾岩成岩圈闭成因模式

　　玛湖凹陷斜坡带百口泉组砾岩成岩圈闭的形成过程与砾岩的成岩过程关系密切。早白垩世,斜坡区百口泉组由于埋藏深度不同,埋藏较浅的斜坡高部位成岩作用主要以压实作用为主,向斜坡区随着埋深的加大,岩层逐渐致密化。垂向上自浅到深依次发育原生孔隙带、成岩致密带和次生孔隙带。成岩致密带分布在 2400~3400m 的古埋藏深度内,受机械压实作用和自生黏土矿物胶结作用减孔影响,致密带原生孔隙基本消失,颗粒之间以线接触为主,部分石英颗粒发育碎裂纹,塑性岩屑挤压变形。致密带下倾方向,在较高地层温度(80~120℃)影响下,烃源岩大规模排烃产生的酸性水介质对岩石中以长石为主的易溶矿物进行溶蚀,砾岩中开始发育以长石溶蚀为主的次生溶蚀孔隙,形成了次生孔隙带。次生孔隙带的侧向被扇体间泥岩遮挡,上倾方向被成岩致密带遮挡,从而形成了成岩圈闭,圈闭的顶、底板为前扇三角洲泥岩或成岩致密岩层。因此,可以认为由不均衡沉降和埋藏引起的差异性成岩作用导致在斜坡带下倾方向发育次生溶蚀孔隙储层以及在该储层上倾方向发育成岩致密岩层的遮挡而形成了玛湖凹陷斜坡区百口泉组成岩圈闭(图 4-14)。

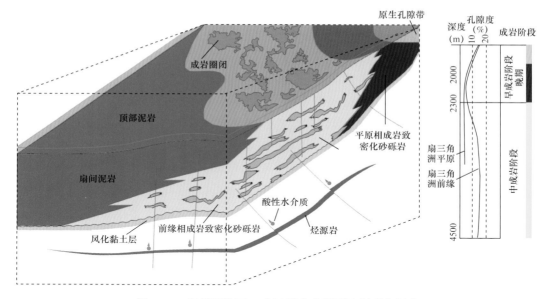

图 4-14　玛湖凹陷百口泉组砾岩成岩圈闭成因模式图

　　斜坡带上倾方向成岩致密层中未发育蓝白色荧光烃类,说明在后期成岩改造中成岩致密带物性变化小,高熟油一直未能进入其中,至今成岩圈闭仍然有效。同时,玛湖凹陷埋藏史—热史表明,早白垩世以后玛湖凹陷长期处于抬升剥蚀状态,上白垩统及其以上地层不发育,并且伴随着地温梯度的逐渐减小(邱楠生等,2002),这种宏观地质条件直接导致早白垩世以来百口泉组的埋藏深度基本没有变化,同时随着地温逐渐降低,早白垩世形成的成岩致密带的进一步成岩改造受到抑制,岩石物性基本没有变化,是早白垩世形成的成岩圈闭保存至今的主要原因。

次生孔隙带内储层有较强的非均质性,储层物性有变化,主要表现在:(1)有通源断裂沟通时,储层物性向远离该断裂的方向变差;(2)鼻状构造带控制的优势运移通道内储层物性好,向两翼物性变差;(3)酸性水介质沿不整合面运移,导致不整合面上扇三角洲前缘相储层溶孔发育,储层物性好;(4)层内断裂未沟通的孤立砂体,其储层物性差;(5)有断裂沟通的薄层状砾岩(厚度小于20m),其顶部具有局部泥岩盖层时,有利于酸性水介质对储层的溶蚀改造,储层物性好;(6)有断裂沟通的厚层状砾岩(厚度大于20m),其顶部具有局部泥岩盖层时,储层物性由储层上顶面向下逐渐变差;(7)次生孔隙带内泥岩隔层、扇三角洲平原成岩致密层和扇三角洲前缘成岩致密层发育。因此从整体上来看,斜坡带成岩圈闭主要由扇三角洲前缘相次生孔隙储层构成圈闭内储层,部分扇三角洲前缘相和扇三角洲平原相成岩致密带构成上倾方向圈闭遮挡带,扇三角洲前缘致密层、水下分流河道间泥岩、其他物源体系的扇三角洲平原致密层构成圈闭侧向遮挡带,百口泉组底部不整合面风化黏土层或平原相砾岩致密层或湖泛泥岩构成圈闭底板,湖泛泥岩构成圈闭顶板。百口泉组砾岩成岩圈闭的形成受沉积相和成岩相双重因素控制,沉积相带的差异性为次生孔隙带和成岩致密带的形成及其有效的空间配置提供了基础。成岩作用的差异性是成岩圈闭形成的关键,体现在扇三角洲平原和前缘相带岩石的成岩演化序列有差异以及断裂和古鼻状构造构成的流体优势运移通道内和通道外的前缘相岩石成岩演化有差异。

斜坡区扇三角洲前缘相次生溶解孔隙储层的发育是玛湖凹陷百口泉组砾岩成岩圈闭形成的核心,其分布决定了成岩圈闭在凹陷斜坡区的分布。前已述及,次生孔隙储层主要发育在前缘相与流体优势运移通道的叠合部位,即前缘相与下白垩统百口泉组古鼻状构造及通源断裂的叠合部位。斜坡区百口泉组发育的通源断裂主要呈北北东—北东向展布的逆断层,其与下白垩统百口泉组古鼻隆(夏子街古鼻隆、克拉玛依古鼻隆、盐北古鼻隆和夏盐古鼻隆)交切处是成岩圈闭最有利的发育部位。受百口泉组整体水进沉积控制,相带向物源方向迁移,沉积砂体逐层退积,致使百口泉组一段、二段和三段的成岩圈闭在空间上具有横向集群、纵向叠置展布的特征。

第三节　砾岩储层临界物性

前文已述及,玛湖斜坡区主要发育砾岩成岩圈闭,受沉积相、成岩相和断裂三因素控制,其成因模式为物性对油气封堵性研究奠定了坚实基础。构成成岩圈闭的储层与致密遮挡层如何判定和量化评价是物性对油气封堵性研究(即成岩圈闭有效识别)的关键,从油气充注和保存的角度考虑,储层与遮挡层的差别就是油气能否进入其内或者是对油气能否有效封堵,因此在这里引入"储层临界物性"作为判识两者的量化评价参数。

一、研究现状与存在问题

油气充注储层临界物性是指排烃期油气由烃源岩向储层充注过程中,在特定的流体动力条件下,油气进入储层必须满足的物性下限标准。其存在已被模拟实验所证实(Liu等,2012)。储层临界物性可用于评价油气能否充注到储层中,进而有效刻画储层的边界。

前人求取储层临界物性的方法主要包括经验统计法(Wardlaw,1976)、泥质含量法(王永平等,2016)、孔渗交会法(金博,2012)、含油产状法(李文科,2015)。国内比较常用的有孔渗交会法、含油产状法和钻井液侵入法;国外常用的是经验统计法和泥质含量法(表4-1)。

表4-1　国内外临界物性求取方法总结简表

划分依据	具体方法	国内外常用
根据含油性与储层物性(孔隙度、渗透率)的统计关系	测试法	……
	经验统计法	国外
	含油产状法	国内
	钻井液侵入法	国内
	分布函数曲线法	……
	物性试油法	……
	束缚水饱和度法	……
根据储层本身不同物性参数之间的相关性关系	最小有效孔喉法	……
	孔隙度—渗透率交会法	国内
	孔喉分布法	……
	相对渗透率曲线和毛细管力曲线叠合法	……
	Purcell法	……
根据储层物性变化的影响因素	泥质含量法	国外

储层临界物性的研究目前主要存在两个方面的问题:一是临界物性的求取以数据统计为主,精度较低;二是绝大多数学者认为储层临界物性是个定值(Pittman,1992;万玲等,1999;郭睿,2004;Liu等,2012),不能精细表征不同充注条件下储层有效性。

二、油气充注动力模型及基本原理

从紧邻生烃灶的油气充注动力学来讲,只有油气充注动力(浮力与排烃压力之和)大于储层孔隙毛细管力才能够形成有效充注,不同的油气充注动力,对储层充注所要求的孔隙毛细管力不同,因此其临界物性应该是变化的。不同深度条件下如果取同一个临界物性值,将导致有效储层边界的判断失误。因此,本书在建立砾岩成岩圈闭油气充注动力学模型基础上(图4-15),从油气充注动力与阻力解剖入手,探究储层临界物性与储层孔喉结构、深度等参数之间的关系。

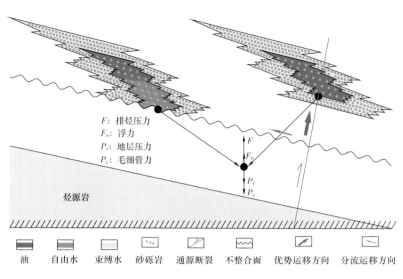

图 4–15 砾岩成岩圈闭油气充注动力学模型

如图 4–15 所示,低渗透储层油气充注所受阻力为:

$$f \approx \Delta P_c + f(H)$$

式中,f 表示油气充注所受阻力;ΔP_c 表示毛细管压力差;H 表示埋深;$f(H)$ 表示地层压力。

$$\Delta P_c = P_r - P_R = 2\sigma\cos\theta\left(\frac{1}{r} - \frac{1}{R}\right)$$

式中,P_r 表示围岩毛细管压力;P_R 表示储层毛细管压力;σ 表示界面张力,单位为 N/m²;θ 表示界面张力与水平夹角,单位为(°);r 表示围岩孔喉半径,单位为 μm;R 表示储层孔喉半径,单位为 μm。

毛细管压力差代表了成岩圈闭围岩与储层孔隙结构特征的差异,可以用 $P_r/P_R = 2\sigma\cos\theta\frac{1}{r}/2\sigma\cos\theta\frac{1}{R} = R/r$ 替代 $2\sigma\cos\theta\left(\frac{1}{r} - \frac{1}{R}\right)$ 表达毛细管压力差。因此,油气充注所受阻力与 R、r、H 有关。判断成岩圈闭是否有效,由油气进入有效储层后相邻的成岩致密层能否起到有效遮挡决定。储层与非储层的毛细管压力差代表了圈闭遮挡层与储层孔隙结构特征的差异,当毛细管压力差足够大时,油被有效遮挡于圈闭内而成藏。

通过对砾岩油气藏油气充注动力学模型的分析,表明砾岩成岩圈闭物性的油气封堵边界受储层与围岩孔隙结构差异大小控制,由此奠定了砾岩物性对油气封堵的理论研究基础。

三、研究方法与解释图版

据此选取玛湖凹陷玛北地区 86 口钻井、187 个砂砾岩储层段进行油气充注有效性统计分析研究,并在近似深度下统计并分析 R/r 值与含油性的关系,以便消除深度对油气充注的影响。具体解剖实例见图 4-16,在深度 3200m 左右的 8 个成岩圈闭中,每个圈闭对应着不同的 R/r 值,以及相应的试油结果。该实例表明,在近似深度下,当 $1 \leqslant R/r < 8$ 时,试油结果为干层,无有效油气充注,而当 $R/r \geqslant 8$ 时,试油结果为油层或油水同层(压裂出水,为储层中束缚水),表明有效油气的充注。因此,砾岩油气充注的临界储层质量主要受储层与围岩孔隙结构特征参数相对大小影响,其可以用毛细管半径比值(R/r)进行量化表征。

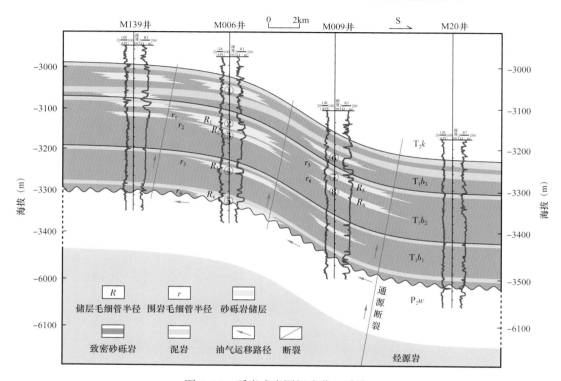

图 4-16 砾岩成岩圈闭成藏地质模型
图中所标 8 个成岩圈闭中, ①、⑥的 R/r <8, 试油结果为干层; ②—⑤、⑦、⑧的 R/r >8,
试油结果为油水同层或油层; R/r 越大, 含油饱和度越高, 反映 R/r 控制了成岩圈闭的有效性

按照上述思路,选取玛北地区 86 口钻井已知产油层、油水层和含油水层的 R 和相邻致密层的 r,共 583 个数据点,将 R/r 与 H 交会得到图 4-17。从交会图中可以看出,R/r 值变化范围较大,在 4~5000 之间,表明在样品深度 900~4200m 之间,油气充注所需的砾岩临界储层质量变化较大。此外,在同一深度条件下,R/r 越大,砾岩储层质量越好,含油饱和度越高。同一 R/r 值,不同深度含油性有差异,表明在砾岩储层质量近似时,油气充注动力的大小不仅决定油气充注的有效性,而且也决定了油气充注的丰度。因此相同 R/r 条件的不同深度砾岩储层可能具有不同的试油结果。本次研究获得"砾岩储层油气充注临界条件线"(图 4-17),不仅在大于临界条件下可以作为油气充注储层质量条件,而且在小于临界条件下可以作为不能进行油气充注储层质量条件,即可以作为砾岩遮挡层的储层质量条件,这样就可以厘定出砾岩成岩圈闭的储层质量临界条件线。研究区砾岩成岩圈闭的储层质量临界条件

是随埋深变化的,随着深度的增大,*R/r* 值越大,但此时对应的储层物性是减小的,说明随着深度的加大对储层物性的要求则变低,如 X52 井百口泉组 T_1b_2 油层埋深 1937.3～1953.1m,平均孔隙度 10.8%,*R/r* 值为 3.1,而 M009 井 T_1b_2 油层埋深 3591.2～3595.3m,平均孔隙度仅有 8.3%,而 *R/r* 值则为 9.2。因此,有效储层的临界物性在不同的深度应该对应着不同的值,利用该图版可获取储层临界物性的定量值,能有效区分不同埋深条件下的储层与致密层,对于储层物性边界及成岩圈闭定量化识别与表征具有十分重要意义。关于其求取方法将在第六章“砾岩成岩圈闭油气藏评价技术与应用”中进行介绍。

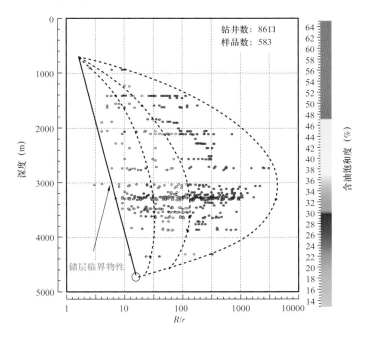

图 4-17　成岩圈闭内外砾岩毛细管半径比值与深度交会图
同一深度,*R/r* 越大,含油饱和度越高;同一 *R/r* 值,不同深度含油性可能不同;临界物性随埋深变化而变化

参 考 文 献

Allen P A, and Allen J R. 2005. Basin analysis:principles and applications(second edition). Blackwell publishing, 492.

Biddle K T, and Wielchowsky C C. 1994. Hydrocarbon traps, in Magoon L B and Dow W G, eds., The petroleum system—from source to trap. AAPG Memoir,60:219-235.

Bjørlykke K,M Ramm,G C Saigal. 1989. Sandstone diagenesis and porosity modification during basin evolution [J]. Geologische Rundschau,78:243-268.

Bjørlykke K. 1984. Formation of secondary porosity:How important is it? [C]// D A Macdonald and R C Surdam. Clastic diagenesis:AAPG Memoir 37,277-286.

Bloch S, R H Lander, L Bonnell. 2002. Anomalously high porosity and permeability in deeply buried sandstone reservoirs:origin and predictability [J]. AAPG Bulletin,86:301-328.

Carothers W W, and Y K Kharaka. 1978. Aliphatic acid anions in oil field water—Implications for origin of natural gas [J]. AAPG Bulletin, 62: 2441–2453.

Douglas J C. 1986. Diagenetic traps in sandstones [J]. AAPG Bulletin, 70: 155–160.

Ehrenberg S N. 1990. Relationship between diagenesis and reservoir quality in sandstones of the Garn Formation, Haltenbanken, Mid–Norwegian Continental Shelf [J]. AAPG Bulletin, 74: 1538–1558.

Harrison W J, G D Thyn. 1994. Geochemical models of rock–water interactions in the presence of organic acids [C]. E. D. Pittman and M. D. Lewan. Organci acids in geological processes. Springer Berlin Heidelberg, 355–397.

Kharaka Y K, L M Law, W W Caruthers, et al. 1986. Role of organic species dissolved in formation waters from sedimentary basins in mineral diagenesi [C] D. L. Gautier Roles of organic matter in sediment diagenesis. SEPM Special Publication 38, 111–122.

Krishna R. 2009. Describing the Diffusion of Guest Molecules Inside Porous Structures [J]. Journal of Physical Chemistry C, 113 (46): 19756–19781.

Liu Z, Y H Huang, G F Pan, et al. 2012. Determination of critical properties of low porosity and permeability sandstone reservoir and its significance in petroleum geology [J]. Acta Geologica Sinica, 86, 1815–1825.

Lundegard P D, Y K Kharaka. 1990. Geochemistry of organic acids in subsurface waters [C] // D C Melchrior and R L Bassett. Chemical modeling of aqueous systems II: American Chemical Society, Washington DC, 169–189.

MacGowen D B, R C Surdam. 1990. Carboxylic acid anions in formation waters, San Joaquin Basin and Louisiana Gulf Coast, U. S. A. –Implications for clastic diagenesis [J]. Applied Geochemistry, 5: 687–701.

Midtbø R E A, J M Rykkje, M Ramm. 2000. Deep burial diagenesis and reservoir quality along the eastern flank of the Viking Graben. Evidence for illitization and quartz cementation after hydrocarbon emplacement [J]. Clay Minerals, 35 (1): 227–237.

Pittman E D, 1992. Relationship of porosity and permeability to various parameters derived from mercury injection–capillary pressure curves for sandstone [J]. AAPG Bulletin, 76: 191–198.

Rittenhouse G. 1972. Stratigraphic– trap classification: geologic exploration methods [C] // in Gould H R. Stratigraphic Oil and Gas Fields—Classification, Exploration Methods, and Case Histories: AAPG Memoir, 16: 14–28.

Scherer M. 1987. Parameters influencing porosity in sandstones: a model for sandstone porosity prediction [J]. AAPG Bulletin, 71: 485–491.

Schmidt V. D A McDonald. 1979. The role of secondary porosity in the course of sandstone diagenesis [C] //P. Scholle and P. Schluger. Aspects of diagenesis [J]. SEPM Special Publication 26, 175–207.

Taylor T R, Giles M R, Hathon L A, et al. 2010. Sandstone diagenesis and reservoir quality prediction: Models, myths, and reality [J]. AAPG Bulletin, 94(8): 1093–1132.

Wardlaw K A, Kroll N E. 1976. Autonomic responses to shock–associated words in a nonattended message: A failure to replicate [J]. Journal of Experimental Psychology Human Perception & Performance, 2 (3): 357.

Wilson, H H. 1977. "Frozen–In" Hydrocarbon Accumulations or Diagenetic Traps–Exploration Targets [J]. AAPG Bulletin, 61: (4): 483–491.

操应长, 蒽克来, 王艳忠, 等. 2013. 冀中坳陷廊固凹陷河西务构造带古近系沙河街组四段储集层孔隙度演化定量研究[J]. 古地理学报, 15 (5): 593–604.

陈永波,潘建国,张寒,等.2015.准噶尔盆地玛湖凹陷斜坡区断裂演化及对三叠系百口泉组成藏意义[J].
    天然气地球科学,26(S1):11–24.

郭睿.2004.储集层物性下限值确定方法及其补充[J].石油勘探与开发,31(5):140–144.

金博,张金川.2012.辽河滩海地区油气藏断压控藏特征及勘探意义[J].吉林大学学报(地球科学版),s1:
    80–87.

李文科,张研,方杰,等.2015.海拉尔盆地贝尔凹陷岩性油藏成藏控制因素[J].石油学报,36(3):337–
    346.

刘震,邵新军,金博,等.2007.压实过程中埋深和时间对碎屑岩孔隙度演化的共同影响[J].现代地质,21
    (1):125–132.

马永平,黄林军,滕团余,等.2015.准噶尔盆地玛湖凹陷斜坡区三叠系百口泉组高精度层序地层研究[J].
    天然气地球科学,26(S1):33–40.

潘高峰,刘震,赵舒,等.2011.砂岩孔隙度演化定量模拟方法——以鄂尔多斯盆地镇泾地区延长组为例[J].
    现代地质,32(2):249–256.

邱楠生,杨海波,王绪龙,等.2002.准噶尔盆地构造—热演化特征[J].地质科学,37(4):423–429.

渠冬芳,姜振学,刘惠民,等.2012.关键成藏期碎屑岩储层古孔隙度恢复方法[J].石油学报,33(3):404–
    413.

谭开俊,张帆,吴晓智,等.2008.准噶尔盆地西北缘盆山耦合与油气成藏[J].天然气工业,28(5):10–13.

万玲,孙岩,魏国齐,等.1999.确定储集层物性参数下限的一种新方法及其应用——以鄂尔多斯盆地中部气
    田为例[J].沉积学报,17(3):454–457.

王永平,陈建.2016.用泥质含量估算孔隙度的方法探讨[J].国外测井技术,6:32–34.

支东明,唐勇,郑孟林,等.2018.玛湖凹陷源上砾岩大油区形成分布与勘探实践[J].新疆石油地质,39(1):
    1–8.

第五章 玛湖凹陷斜坡区砾岩成岩圈闭油藏成藏及富集规律

第一节 砾岩成岩圈闭油藏的成藏演化

一、油气充注期次

（一）油气成藏期次研究方法与实验观测

1. 包裹体岩相学观测及含油包裹体丰度统计

包裹体岩相学观察采用搭载荧光光度计（UV 激发）的 Leica 偏光—荧光显微镜完成。镜下观察发现，玛东、玛北、玛西和玛南地区烃类的产状、颜色、宿主矿物均表现出不同。

玛东 D9 井和 XY2 井包裹体薄片中烃类的荧光颜色可见蓝色和黄色两种（图 5-1a，图 5-1b），其中发蓝色荧光的烃类以包裹体形式产出于长石颗粒溶蚀孔内（图 5-1a），黄色荧光则广泛见于颗粒间孔隙或浸染整个矿物颗粒、基质和胶结物（图 5-1b），偶见发黄色荧光的烃类包裹体分布于石英颗粒内愈合裂隙中。此外，还观察到无荧光黑色固体沥青以脉状产出，且后期改造痕迹明显（图 5-1c）。

玛北地区样品的荧光颜色多样，X75 和 X761 井可见黄色和蓝色两种荧光（图 5-1d，图 5-1e），X90、X94 等井则呈现黄色和深黄色荧光（图 5-1f）。其中发蓝色荧光的液态烃类主要赋存在长石颗粒溶蚀孔内，而发黄色荧光的烃类以液态游离烃类的形式分布于颗粒间孔隙、基质、胶结物中。黄色荧光还可见于穿颗粒的裂纹（裂纹宽 $10\sim20\mu m$）（图 5-1g）、穿石英颗粒的愈合裂隙（5-1h）或浸染长石颗粒中。黑色固体沥青以脉状产出，透射光下呈黑色，UV 激发无荧光（图 5-1i）。

玛西地区 M18 井和 B202 井中产出的烃类可见蓝色和黄色荧光（图 5-1j，图 5-1k，图 5-1l），发蓝色荧光的烃类产于长石颗粒溶蚀孔内（图 5-1j），发黄色荧光的则以包裹体形式产出于石英颗粒裂缝内（图 5-1k）。同样可见无荧光黑色固体沥青脉。

玛南地区可观察到蓝色和黄色荧光的烃类（图 5-1m，图 5-1n）。B25 井部分颗粒及颗粒间杂基被烃类浸染，发蓝色荧光（图 5-1m），MH2 井基质和微裂缝中蓝色和黄色荧光均可见（图 5-1n）。

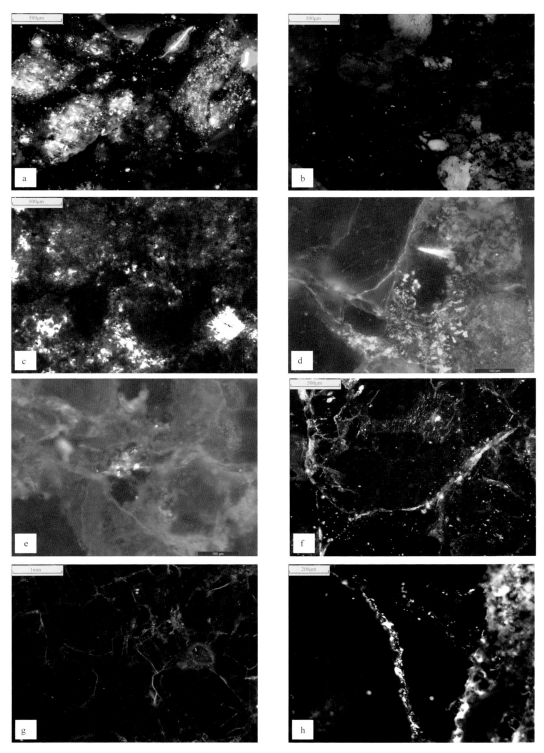

图 5-1　玛湖凹陷斜坡区三叠系百口泉组荧光显微照片

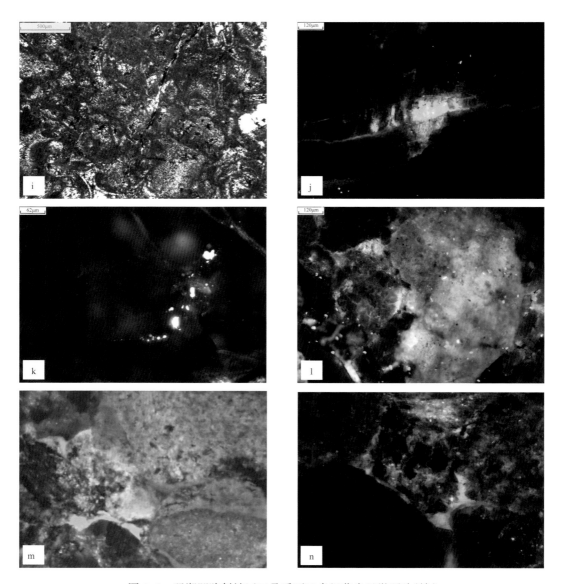

图 5-1　玛湖凹陷斜坡区三叠系百口泉组荧光显微照片（续）

a—D9,4724.7m,×50,UV,长石溶蚀孔中保存的液态烃类,发蓝色荧光；b—XY2,4407.2m,×50,UV,颗粒间孔隙、基质、胶结物中充填发黄色荧光的液态烃；c—D9,4724.7m,×50,BL,黑色沥青脉不连续,部分沥青被溶蚀,溶蚀区重结晶形成亮晶矿物；d—X761,1358.0m,×200,UV,长石溶蚀孔中保存的液态烃类,发蓝色荧光；e—X75,2499.2m,×200,UV,石英颗粒裂隙中捕获的烃包裹体,发亮黄色荧光；f—X94,2916.4m,×50,UV,石英颗粒裂隙中可同时见发黄色和深黄色荧光的包裹体；g—M132,3261.1m,×50,UV,裂缝中充填液态烃类,发黄色荧光；h—X90,2612.4m,×50,UV,石英颗粒内愈合裂隙中分布烃包裹体,发黄色荧光；i—X72,2725.1m,×50,BL,部分黑色沥青脉被溶蚀,溶蚀区重结晶形成亮晶矿物；j—M18,3876.1m,×100,UV,长石溶蚀孔中保存的液态烃类,发蓝色荧光；k—M18,3917.7m,×100,UV,石英颗粒裂隙中捕获的烃包裹体,发亮黄色荧光；l—B202,1358.0m,×200,UV,颗粒被发黄色荧光的烃类浸染,基质被发蓝白色荧光的烃类浸染；m—B25,2811m,×200,UV,部分颗粒及颗粒间胶结物被烃类浸染,发蓝白色荧光；n—MH2,3210.3m,×50,UV,部分颗粒被浸染,发黄色荧光,同时可见微裂缝中充填烃类综上所述,黑色无荧光的固体沥青呈脉状产出;发黄色荧光的液态烃或包裹体主要赋存于颗粒间孔隙、裂缝和石英颗粒上;而发蓝白色荧光的液态烃或包裹体则主要存在于长石颗粒溶蚀孔及裂缝中。因此,百口泉组砾岩储层中以不同产状赋存的固体沥青以及黄色和蓝色荧光液态烃或包裹体应是不同演化程度的产物(George 等,2001),可能代表着三期油气充注。

此外,针对黄色荧光烃类对应的原油充注期是否有古油藏发育的疑问,采用含油包裹体丰度(GOI)识别古油水界面的有效方法(George 等,1997),对发黄色荧光的包裹体样品进行了含油包裹体 GOI 统计,结果表明 XY2 井 4407.2m 和 M18 井 3910.7m、3917.7m 的样品 GOI 值均超过 5%,指示两口井百口泉组存在黄色荧光烃类充注期所形成的古油藏。

2. 盐水包裹体均一温度测量

根据包裹体岩相学观察结果,选取玛东、玛北和玛西适宜进行包裹体测温的样品进行测量(表 5-1)。包裹体均一温度的测量采用 Linkam THM600 冷热台(中国石油大学(北京)油气资源与探测国家重点实验室),室内温度为 25℃,相对湿度为 20%,升降温速率控制为 2~3℃/min,均一温度测定误差 ±1℃。

表 5-1 均一温度测量数据表

井	深度(m)	宿主矿物	区域大小(μm)	均一温度(℃)	井	深度(m)	宿主矿物	区域大小(μm)	均一温度(℃)
M18	3866.9	石英	3×2	108	M18	3910.0	石英	2×2	63.4
M18	3866.9	石英	2×2	104	M18	3910.0	石英	2×1	72.1
M18	3866.9	石英	2×1	86	M18	3876.1	石英	5×4	71.9
M18	3866.9	石英	3×2	96	M18	3876.1	石英	2×2	72.8
M18	3910.0	石英	2×1	70.4	M18	3876.1	石英	2×2	81.9
M18	3910.0	石英	2×2	114.2	M18	3876.1	石英	3×2	69.5
M18	3910.0	石英	1×1	77	M18	3876.1	石英	2×1	72.3
M18	3910.0	石英	3×2	78	M18	3876.1	石英	2×1	67.4
M18	3910.0	石英	3×4	111.1	M18	3876.1	石英	1×1	68.9
M18	3910.0	石英	2×2	95	M18	3876.1	石英	1×1	104.5
M18	3910.0	石英	1×3	70	M18	3876.1	石英	2×2	66.7
M18	3910.0	石英	2×2	105.7	M18	3876.1	石英	3×2	69.2
M18	3910.0	石英	3×1	94.1	M18	3876.1	石英	5×3	72.3
M18	3910.0	石英	2×2	97.6	M18	3876.1	石英	2×2	114.2
M18	3910.0	石英	2×1	107.4	M18	3876.1	石英	2×1	62.1
M18	3910.0	石英	2×2	73.8	M18	3876.1	石英	2×1	90.7

井	深度（m）	宿主矿物	区域大小（μm）	均一温度（℃）	井	深度（m）	宿主矿物	区域大小（μm）	均一温度（℃）
Bai202	2429.2	石英	3×2	112.2	M13	3106.0	石英	2×2	104.3
Bai202	2429.2	石英	3×2	124.3	M13	3106.0	石英	2×1	111.2
Bai202	2429.2	石英	3×2	77.8	M13	3106.0	石英	2×2	107.8
Bai202	2429.2	石英	4×3	78.1	M13	3106.0	石英	2×2	117.5
Bai202	2429.2	石英	5×3	91.9	M13	3106.0	石英	2×1	99.3
Bai202	2429.2	石英	2×1	99.4	M13	3106.0	石英	2×1	104.7
Bai202	2429.2	石英	4×3	78.6	M13	3106.0	石英	2×1	113.4
Bai202	2429.2	石英	2×1	95.7	M13	3106.0	石英	2×2	116.5
Bai202	2429.2	石英	2×1	69.1	X81	2515.6	石英	1×1	76.8
X75	2499.2	石英	2×2	90.4	X81	2515.6	石英	2×1	77.3
X75	2499.2	石英	2×1	103.4	X81	2515.6	石英	1×1	89.2
X75	2499.2	石英	1×1	81	X81	2515.6	石英	2×1	102.3
X75	2499.2	石英	2×1	72.6	X81	2515.6	石英	2×2	93.4
X75	2499.2	石英	2×1	122.4	X81	2515.6	石英	2×1	79.3
X75	2499.2	石英	2×1	99.4	X81	2515.6	石英	4×3	113.4
X75	2499.2	石英	2×1	99.7	X81	2515.6	石英	2×2	116
XY2	4407.2	石英	2×1	78.9	X81	2515.6	石英	2×2	118.3
XY2	4407.2	石英	2×2	114.5	X89	2949.7	石英	2×2	74.8
XY2	4407.2	石英	2×1	82.7	X89	2949.7	石英	2×1	117.4
M13	3106.0	石英	1×1	72.4	X89	2949.7	石英	2×1	115.6
M13	3106.0	石英	1×1	74.1	X90	2916.4	石英	5×1	81
M13	3106.0	石英	2×2	72.9	X90	2916.4	石英	6×1	121.3
M13	3106.0	石英	2×2	98.5	X90	2916.4	石英	5×1	103.2
M13	3106.0	石英	3×1	105.4	X90	2916.4	石英	4×3	110.8
M13	3106.0	石英	2×2	116.2	X90	2916.4	石英	3×1	102.8
M13	3106.0	石英	2×2	125.4					

　　通过对各个样品与不同荧光颜色烃包裹体相伴生的盐水包裹体实测发现，与发黄色荧光烃包裹相伴生的盐水包裹体的均一温度范围为 70～90℃，与发蓝色荧光烃包裹体相伴生的盐水包裹体的均一温度集中分布于 100～120℃（图 5-2）。

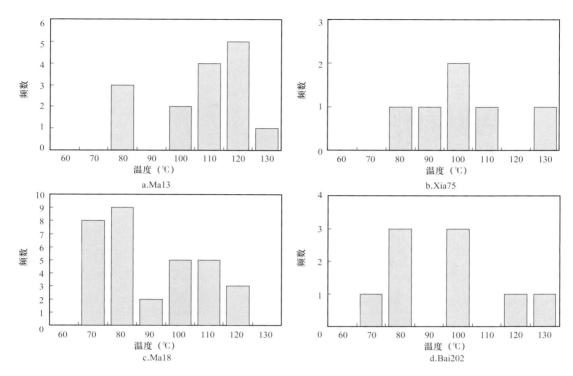

图 5-2 玛湖凹陷斜坡区百口泉组储层原油充注同期盐水包裹体均一温度直方图

（二）油气充注期次

如前所述，玛东、玛北、玛西和玛南地区均可见以脉状产出的无荧光黑色固体沥青，其中 D9 井包裹体薄片中明显可见沥青脉被改造的痕迹，表现为沥青脉不连续，部分沥青脉被溶蚀，在溶蚀区重结晶形成亮晶矿物，与周围矿物明显区别（图 5-1c，图 5-1i），具有明显的后期成岩改造特征（McliMans，1987），表明黑色固体沥青脉形成时间早。从盆地演化看，三叠纪无地层抬升剥蚀，固体沥青的存在说明该期油气充注到百口泉组后由于普遍缺乏保存条件而未得到保存，因此推断油气充注最晚应该发生在上三叠统白碱滩组厚层区域泥岩盖层沉积之前。油源对比表明，发蓝色荧光和黄色荧光的烃类均来自二叠系风城组烃源岩（M133 井和 D9 井甾烷和藿烷系列化合物相似，三环萜烷 C_{20}、C_{21} 和 C_{22} 均呈"/"形分布），但前者成熟度高于后者[D9 井原油密度为 0.7985g/cm^3，$\alpha\beta\beta C_{29}/\sum C_{29}$ 大于 0.80，$\alpha\alpha\alpha C_{29}20S/（20S+20R）$ 大于 0.5；M133 井原油密度为 0.8622g/cm^3，$\alpha\beta\beta C_{29}/\sum C_{29}$ 和 $\alpha\alpha\alpha C_{29}20S/（20S+20R）$ 值均小于 D9 井]。两种烃类的存在表明二叠系风城组烃源岩先后经历了成熟油和高成熟油两期生烃、排烃过程，分别是以黄色荧光为代表的成熟油和以蓝色荧光为代表的高熟油（George 等，2001）。百口泉组包裹体均一温度测定进一步表明：与黄色荧光包裹体相伴生的同期盐水包裹体的均一温度为 70～90℃，与蓝色荧光包裹体相伴生的同期盐水包裹体的均一温度为 100～120℃，对比单井埋藏史—热史可知两个包裹体温度区间分别对应着早侏罗世和早白垩世。

综上,晚三叠世之前第一期油气充注未得到保存,储层中只保留有残留沥青;早侏罗世为第二期油气充注期,对应黄色荧光烃类包裹体;早白垩世为第三期油气充注期,对应蓝白色荧光烃类包裹体,显然,后两期油气充注对百口泉组油气成藏产生了重要影响。

二、成藏演化特征

前已述及,玛湖凹陷斜坡区百口泉组经历了晚三叠世、早侏罗世和早白垩世三期油气充注,现今储层中原油属于后面两期油气充注的贡献,而斜坡区砾岩成岩圈闭油藏则主要是第三期(早白垩世)高熟油气充注的产物。

(一)晚三叠世油气充注及成藏演化特征

晚三叠世之前百口泉组埋藏浅(埋深小于600m),其区域盖层上三叠统白碱滩组厚层泥岩未沉积,来自二叠系的成熟油充注进入三叠系百口泉组后,由于埋藏较浅并缺乏有效的封堵层而发生大量油气散失,致使储层原生孔隙、微裂缝中残留大量固体沥青。该期油气充注在百口泉组未形成油藏,缺乏对百口泉组成藏的贡献。

(二)早侏罗世成熟油充注及成藏演化特征

在早侏罗世油气充注时(黄色荧光烃类充注期),玛湖凹陷斜坡区百口泉组整体仍然埋藏较浅(500~1200m),处于早成岩阶段,储集空间主要为原生孔隙,储层孔隙度约17%~26%,是良好的油气输导层。风城组或佳木河组成熟原油进入百口泉组后,在其内部沿古鼻状构造形成的优势运移通道向高部位运聚,仅在发育古穹隆状背斜的玛北(M2井GOI=5.6%,M6井GOI=5.1%,X9井GOI=4.8%)、玛东(XY2井,GOI=4.3%)和玛西(M18井,GOI=5.5%~5.6%)内形成古构造油藏(图5-3、图5-4、图5-5)。该期原油包裹体在UV激发下显黄色荧光,广泛分布于玛东夏盐—达巴松扇体、玛北夏子街扇体、玛西黄羊泉扇体和玛南201扇体的扇三角洲沉积储层中,其中玛北夏子街扇体包裹体丰度高,显示该期油气充注强度大。

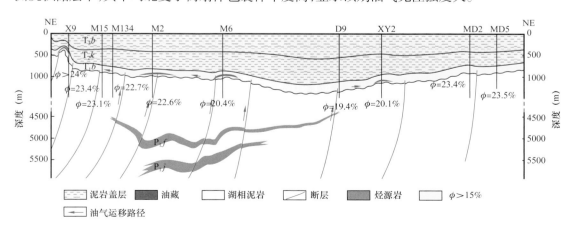

图5-3 玛湖凹陷斜坡区X9—MD5井早侏罗世百口泉组油气成藏剖面图

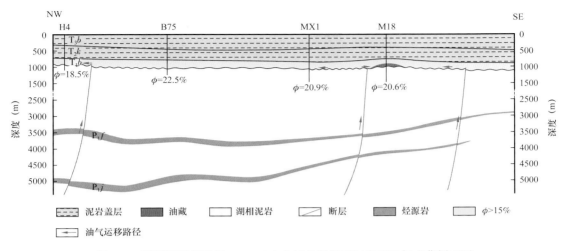

图 5-4　玛湖凹陷斜坡区 H4—M18 井早侏罗世百口泉组油气成藏剖面图

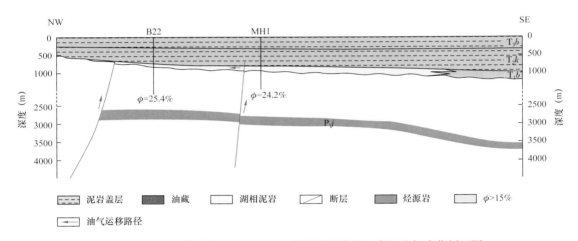

图 5-5　玛湖凹陷斜坡区 B22—MH1 井早侏罗世百口泉组油气成藏剖面图

（三）早白垩世高熟油充注及成藏演化特征

早白垩世油气充注时（蓝白色荧光烃类充注期），斜坡区百口泉组埋深增加至 2100～3700m 之间，储层处于中成岩演化阶段。受储层岩石成分和成岩作用共同控制，形成了储层物性变化带，导致了玛东、玛北和玛西斜坡带下倾方向次生孔隙带和上倾方向成岩致密带的形成，并与两侧泥岩分隔带构成成岩圈闭，轻质油充注后形成大面积成岩圈闭油藏（图 5-6、图 5-7）。玛南地区斜坡带高部位百口泉组平原相带和部分前缘相带被剥蚀，导致斜坡带上倾方向不发育致密岩层遮挡而难以形成成岩圈闭，主要发育断层岩性圈闭，起圈闭封闭作用的断层形成于燕山期北西向的挤压环境下，主要为逆断层或走滑断层。早白垩世高熟油气沿通源断裂进入该类圈闭，形成断层岩性油藏，如 MH1 井油藏（图 5-8）。

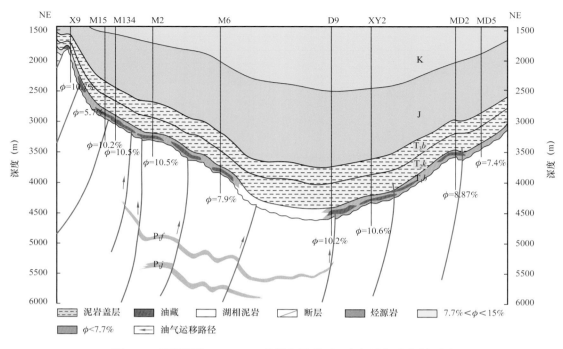

图 5-6　玛湖凹陷 X9—MD5 井早白垩世百口泉组油气成藏剖面图

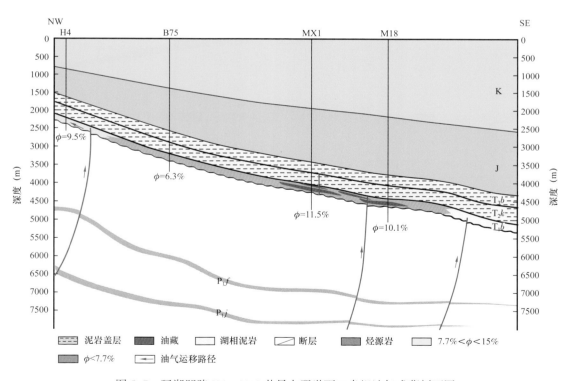

图 5-7　玛湖凹陷 H4—M18 井早白垩世百口泉组油气成藏剖面图

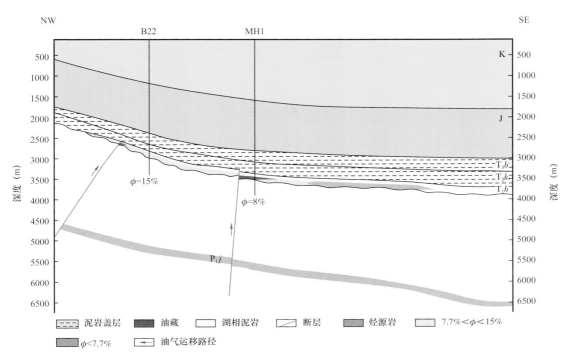

图 5-8　玛湖凹陷 B22—MH1 井早白垩世百口泉组油气成藏剖面图

　　由于受百口泉组一、二、三段水进体系域扇三角州前缘河道砾岩体退积沉积及其纵向叠置、横向连片地层特征的控制,玛湖凹陷斜坡区百一段成岩圈闭油藏主要发育在三叠系底与不整合面接触的圈闭内(图 5-9),而百二段、百三段油气成藏则需要百口泉组内部小断层向上输导才能成藏。

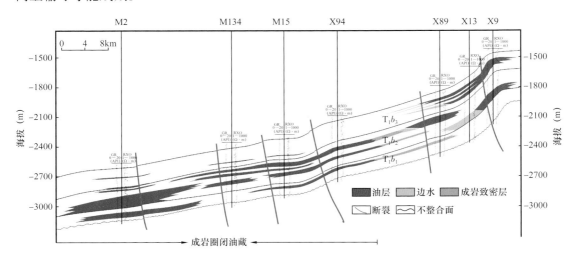

图 5-9　玛湖凹陷斜坡区 M2—X9 井百口泉组成岩圈闭油气藏剖面图

第二节　油气富集规律及油藏特征

一、油气富集规律

(一)源储配置紧密性是高产富集的基础

玛湖凹陷斜坡区百口泉组储层成岩演化史和成藏史研究表明,油藏的油气充注时间主要为晚侏罗世—早白垩世。此时储层中水岩作用已相对较弱,砾岩孔隙度降至10%左右,低孔低渗条件下的可动水较少,而静水环境中油气在浮力作用下克服毛细管阻力运移需要的最小连续气柱高度达68~148m,油气呈连续相运移需要的临界油柱高度远大于砾岩的单层厚度。故生烃增压可能是百口泉组油气运移和聚集成藏除浮力之外的另一个重要动力条件。因此,源储空间配置的紧密性控制了油气充注的强度,生烃强度大的地区,可以源源不断地获得油气供给,维持油气的运聚动平衡,易于油气富集和大油气田形成。从玛湖凹陷斜坡区二叠系风城组生烃强度与百口泉组油、水分布关系来看(图5-10、图5-11),出水井点主要分布在源储空间配置较为松散地区玛湖东斜坡,玛湖凹陷西斜坡M18—M131井区源储配置紧密,主要以产油为主;另外,从含油饱和度的变化来看(图5-12),从M009井—M131井—X9井区,随着源储空间配置紧密性逐渐变差,钻井含油饱和度逐渐降低。这均表明源储空间配置的紧密性决定油气充注强度,是高产富集的基础。

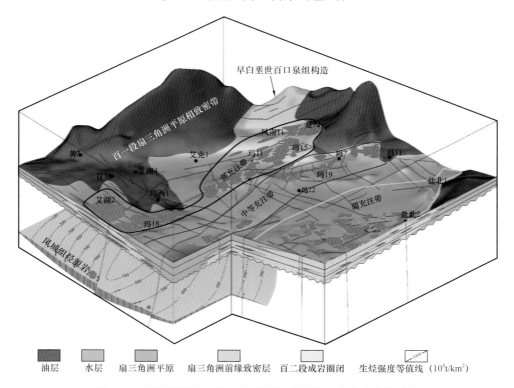

图5-10　玛湖凹陷斜坡区三叠系百口泉组油气高产富集模式图

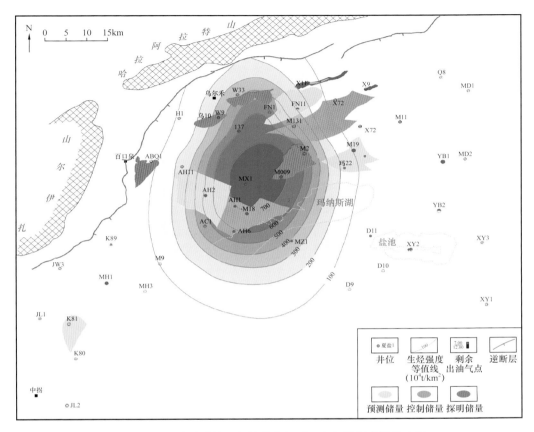

图 5-11　二叠系风城组生烃强度与百口泉组勘探成果叠合图

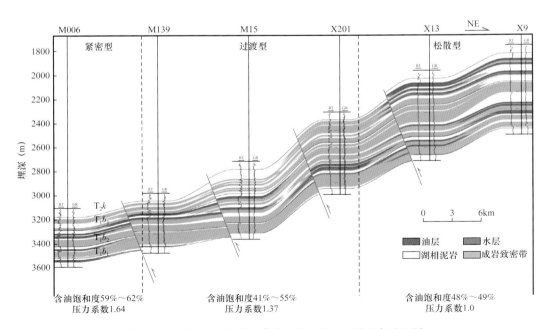

图 5-12　M006—X9 井油藏含油饱和度、地层压力对比图

（二）输导体系有效性是高产富集的关键

玛湖凹陷斜坡区三叠系百口泉组油气源自二叠系风城组、佳木河组的烃源岩,两者具有源储时代间隔远、空间跨度大的特点,因此,断裂与不整合面所形成输导体系的有效性是其源外大规模油气运聚及高产的关键。

1.不同时期断裂对油气运聚的控制作用

根据玛湖凹陷百口泉组形成期次及断裂特征可以划分为Ⅰ、Ⅱ、Ⅲ三级断裂。Ⅰ级断裂是晚石炭世——二叠纪海西期构造运动所致的基底卷入型叠瓦状逆冲断裂,为北东向展布,控制了玛湖凹陷断裂带及夏子街鼻隆、玛湖鼻隆等二级构造单元,虽然其在三叠纪—侏罗纪末构造运动较弱,但由于断裂的活动时间长,断距大,且能够切割二叠系烃源岩,所以是油气从烃源岩运移到储层中的高速通道;Ⅱ级断裂是近垂直于边界断裂的走滑断裂,近东西向展布,形成于晚印支—燕山期,个别喜马拉雅期仍持续发育,该类断裂虽然形成时间较晚,但仍能够断至二叠系,也是重要的油源断裂;Ⅲ级断裂为与上述两组断裂呈剪切关系断裂,方向为北北西—北西西向展布,多形成于晚印支—燕山期,垂向断距小,为三叠系层间断裂,对于油气的层间调整发挥了重要作用。

从 X9—M2—M6—XY2—MD2—MD3 井油气成藏剖面图可以看出(图 5-13),油气通过Ⅰ级断裂运移聚集到三叠系之后,首先在断裂附近圈闭中成藏(M6),然后油气沿着不整合面侧向运移,途中遇到Ⅲ级断裂发生百口泉组层间的油气调整,在纵向上多套砂体含油(M134 井)。

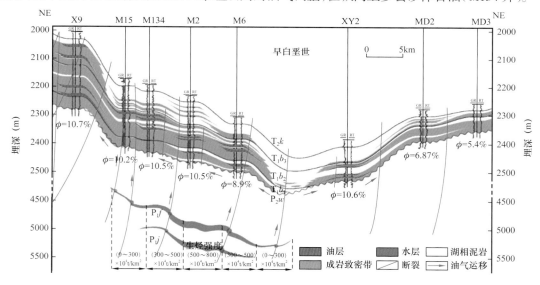

图 5-13 X9—MD3 井连井油气成藏剖面

2.不整合输导性能评价及其对油气运移聚集的控制作用

不整合是由不整合面及其上、下岩石三部分组成,在空间上具有三层结构,即不整合面之上的岩石、不整合面之下的风化黏土层以及风化黏土层之下的半风化岩石。风化黏土层在上覆沉积物压实作用下岩性较致密,具有良好的封盖能力。不整合面之上的高孔渗岩石和不整合面之下裂隙、溶蚀孔洞发育的半风化岩石既可作为油气运移通道,又可成为油气聚集的有效储层。由于构造部位、岩性等因素的影响,不整合空间结构复杂多变,导致其输导性能定量化评价十分困难。因此,采用不整合面上下岩性组合物性变化定性分析油气输导能力的方法对油气分布、富集规律及综合评价仍具有重要的指导意义。

根据玛湖凹陷斜坡区二叠系—三叠系不整合面上下岩性组合及其物性变化导致输导性的差异,可将其划分为 4 类组合样式(图 5–14),Ⅰ类为不整合面之下的二叠系乌尔禾组风化黏土层与上覆三叠系百口泉组孔隙度较高的前缘相砾岩(物性参数 $\phi>10\%$)组成的岩性组合,其沿层油气输导性能最好(如 AH6),具有大规模输导油气的能力;Ⅱ类为不整合面之下的二叠系乌尔禾组风化黏土层,上覆三叠系百口泉组孔隙度较低的前缘相砾岩(物性参数 $\phi>7\%$)组成的岩性组合,其沿层油气输导性能较好(如 D9),具有一定规模油气输导能力;Ⅲ类为不整合面之下的二叠系乌尔禾组风化黏土层,上覆三叠系百口泉组平原相致密砾岩($\phi \leqslant 4\%$)组成的岩性组合,其输导性能较差(如 M7),沿层油气输导能力十分有限;Ⅳ类为下伏二叠系乌尔禾组风化黏土层,上覆三叠系百口泉组湖相泥岩组成的岩性组合,其输导性能最差(如 AC1),基本不具备沿层油气输导能力。据此开展了玛湖凹陷二叠系—三叠系不整合面输导性能评价工作,评价出 M18—M131 井区、MZ1—M19 井区、D11—XY2 井区、XY1 井西地区等四个 Ⅰ 级不整合面油气输导的有利区带(图 5–15)。

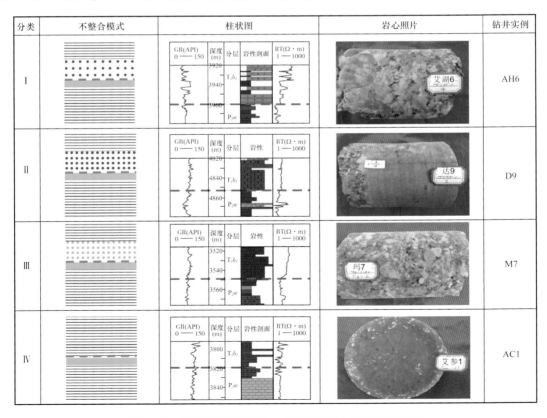

图 5–14　玛湖凹陷三叠系—二叠系不整合结构类型图版

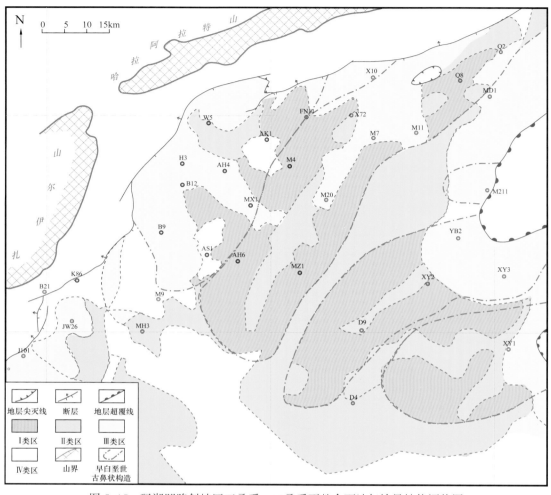

图 5-15　玛湖凹陷斜坡区三叠系—二叠系不整合面油气输导性能评价图

（三）甜点储层规模性是高产富集的核心

玛湖凹陷斜坡区三叠系百口泉组成岩圈闭油藏是主要油气藏类型,砾岩物性控藏的特征十分明显(图 5-16)。如图 5-17 至图 5-19 所示,储层物性与含油饱和度,地层压力与产液量之间有着较好的正相关关系,储层物性较好的井均表现为高含油饱和度、较高地层压力和较高油气产量的特征。以玛湖凹陷 M18 井区为例, M601、M604 井百口泉组一段储层物性好(孔隙度 10% 左右),含油饱和度 54.2%～62.1%,油气产量高(日产量大于 20t),地层压力系数 1.6～1.8; M6 井百口泉组二段储层物性较好(孔隙度 8.2%),油气产量较高(日产量小于 10t),地层压力系数 1.2～1.3; AH012 井百口泉组二段储层物性较差(孔隙度 6.16%),油气产量低(日产量小于 3t),含油饱和度 38.1%,含束缚水、油水同出。这表明玛湖凹陷斜坡区三叠系百口泉组成岩圈闭油藏的含油气性受控于甜点储层的分布,储层物性较好的成岩圈闭才能有好的含油气性(图 5-20),只有呈集群式分布的甜点储层才能获得规模油气发现。

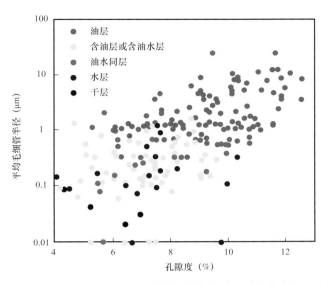

图 5-16 玛西地区百口泉组油水层孔隙度与平均毛细管半径交会图

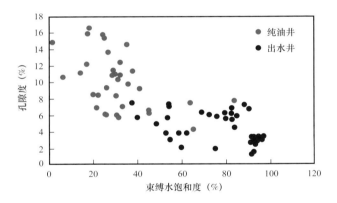

图 5-17 M18 井区百口泉组油水层孔隙度与束缚水饱和度交会图

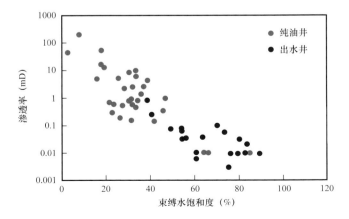

图 5-18 M18 井区百口泉组油水层渗透率与束缚水饱和度交会图

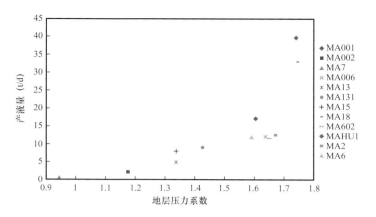

图 5-19　M131-M18 井区百口泉组油层压力系数与产液量交会图

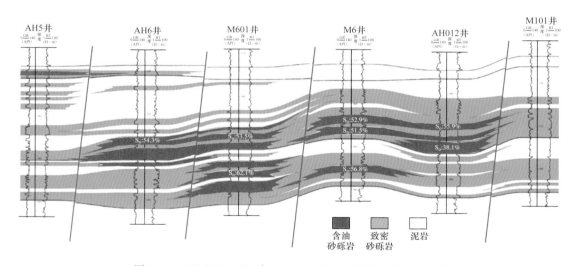

图 5-20　玛西地区百口泉组 AH5—M101 井连井油层剖面图

二、油气藏类型及特征

(一)源外近源及源外远源油气藏的基本内涵和特征

源外近源油气藏是指在某一含油气系统中,近邻生烃中心,在高效输导体系内的油气聚集,且生烃期与成藏期相匹配的油气藏(潘建国,2015)。近源油气藏并不仅仅是指与烃源岩生烃中心距离较近,而更强调的是"源、输、圈"三者之间时空关系的有效配置,即从烃源岩生成的油气如何通过三者之间时空配置关系的有效性而形成丰度高、规模大的油气藏。通过对玛湖富烃凹陷典型油气藏的解剖,认为源外近源油气藏具有三个基本特征:一是在空间上近邻生烃中心;二是关键成藏期高效输导体系与烃源岩大量排烃、大规模圈闭的有效时空配置;三是油气充注动力强、充满度高。其中,关键成藏期高效输导体系与烃源岩大量排烃、大规模圈闭的有效时空配置是近源油气成藏的关键。因此,明确油气差异运聚规律,是近源油气藏研究的核心任务；建立油气高效输导模式和油气高产富集模式,明确油气丰度高、规模大的油气高产富集区,是近源油气藏研究的最终目标。

将源外远源油气藏定义为在某一含油气系统内,远离生烃中心,在源输体系内的单次或多次远距离油气聚集,且成藏期滞后于大规模排烃期的油气藏(潘建国,2019)。其内涵主要包括两点：一是油气在源输体系内的单次或多次远距离聚集。源外远源油气藏中的源输体系多为复合输导体系,既包括烃源岩—断裂—砂体或不整合面复合源输体系,如准噶尔盆地腹部基东鼻凸和夏盐鼻凸源输体系,其典型特征是鼻状构造带倾末于盆1井西凹陷烃源岩发育区内；同时也包括油藏—断裂—不整合面或砂体复合源输体系,如腹部石南31地区,其典型特征是鼻状构造带倾末于已知油藏内。油气运聚既包括从烃源岩到圈闭的初次运聚,也包括油气从早期油藏调整到后期圈闭的二次运聚；二是成藏期滞后于大规模排烃期。叠合含油气盆地的油气成藏往往不是一次完成的,而是多次、多期成藏的结果(高岗,2007)。源外远源油气藏除了距离生烃中心距离较远,需要有充足的油源供应等客观条件外,油气源输体系的动态研究以及在源输体系内圈闭的有效性十分关键,这是由于源外远源区,源输体系并非普遍存在,圈闭相对于各成藏时期并非全部有效,油气必然是在一定构造背景下沿源输体系运移,在有效圈闭聚集成藏,例如盆1井西富烃凹陷源外远源油气藏实质就是在早白垩世和古近纪末至今两大成藏期内,“源、输、圈”三者之间时空有效配置的“一次或两次油气运聚过程”的成藏结果,具有远距离运移、多期次油气聚集及调整和源输体系内成藏等特点。

参考上述源外近源油气藏及源外远源油气藏的定义,并根据玛湖凹陷斜坡区源储配置、输导类型及性能、古构造背景等地质条件,可将三叠系百口泉组油气藏划分为两类,一是以玛湖西斜坡 M2 井区为代表的源外近源油气藏,另一个是以玛东斜坡 XY2 井区为代表的源外远源油气藏。

（二）玛湖凹陷斜坡区源外近源及源外远源砾岩成岩圈闭油气藏基本特征

（1）近源油气藏在平面上近邻生烃中心、油气运移距离短,有利油气大规模运聚和富集,而远源油气藏则与生烃中心的空间距离远、油气运移距离长,油气运聚量较小,富集程度较低。

玛湖凹陷二叠系风城组是准噶尔盆地玛湖凹陷主要的烃源岩之一(王绪龙等,2001；王来斌等,2004),其分布受风城组沉积期具前陆性质的原型盆地控制(吴孔友等,2005；鲁新川等,2012；邹妞妞等,2015)。烃源岩主要分布在玛湖凹陷玛北斜坡一侧,厚度在 0～300m 之间。断裂带的油气藏以及玛西斜坡和玛北斜坡三叠系百口泉组油气藏在平面上近邻生烃中心,断裂带的油气藏主要靠高角度断裂沟通源储,并沿这些断裂垂向运移聚集而成,而玛西斜坡和玛北斜坡三叠系百口泉组的油气藏主要沿沟通烃源岩的断层垂向运移,并沿不整合短距离侧向运移聚集而成的(图 5-21)。这些油气藏的运移距离短(约 2km),油气丰度高、规模大,属源外近源油气藏。玛东斜坡三叠系百口泉组油气藏在平面上远离生烃中心,主要通过通源断裂进入二叠系内部不整合侧向运移,然后沿层内断裂垂向运移聚集而成的(图 5-21),运移距离较长(约 16～30km),且油气藏丰度低、规模小,属源外远源油气藏。

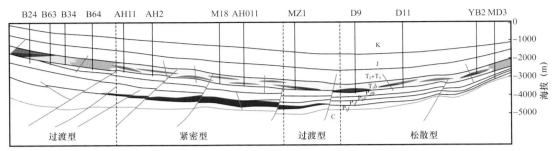

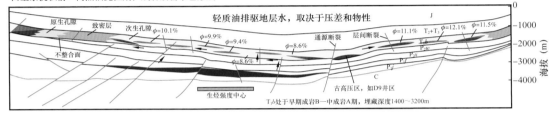

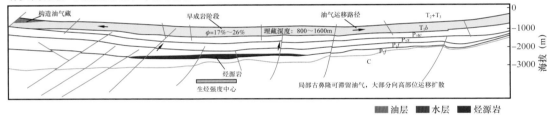

图 5-21　玛湖凹陷百口泉组近源、远源油气藏油气运移模式剖面图

　　近源油气藏在平面上邻近生烃中心,以垂向运移为主,运移距离短;远源油气藏在平面上与生烃中心相隔一定的距离,以侧向运移为主,运移距离长。距离只是一个形象的表述,其实质是烃源岩排烃量、输导体系输导性能和圈闭位置在三维空间的配置关系。在油气从烃源岩到圈闭聚集成藏的过程中,随着运移距离的增大,油气地球化学指标和性质均要发生变化。通过对比能反映油气运移距离的相关参数,认为油气运移的距离(指离开通源断裂后油气侧向运移距离之和)、油气运移效应(wββC$_{29}$/w(ββ+αα)C$_{29}$)和原油密度差(Δρ,油藏原油密度与通源断裂处原油密度之差)能很好地反映油气的运移过程,定性地判识近源油气藏和远源油气藏的分布。通过对上述 3 个参数交会后发现(图 5-22),油气侧向运移距离是否大于 16km 可作为判断玛湖凹陷源外近源与远源油气藏分布的界线。在不同的生烃凹陷内,由于烃源岩、输导体系和圈闭的空间配置关系具有差异性,判识近源与远源油气藏分布的侧向运移距离也具有差异性。

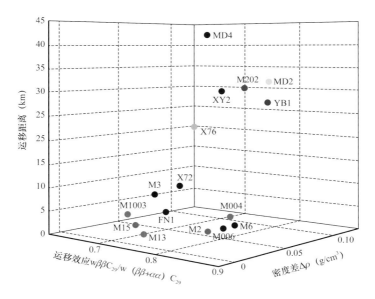

图 5-22 玛湖凹陷斜坡区源外近源油气藏与远源油气藏判识图版

（2）近源油气藏成藏期高效输导体系与烃源岩大量排烃、大规模圈闭发育具有良好的时空配置关系，而玛东斜坡区远源油气藏则缺乏与之相匹配的高效输导体系

输导体系是相对某一独立油气运移单元或含油气系统中的所有运移通道及其相关围岩的总和。笔者强调的高效输导体系主要指直接连通烃源岩的、在烃源岩大量生排烃期具有高效油气输导能力的通源断裂。通源断裂是否属于高效输导体系，与通源断裂的活动性密切相关（丁文龙等，2011）。按照孙永河等（2008）提出的评价单位面积内断裂油气输导能力的"断裂输导系数"法，分别计算了玛北斜坡区和玛东斜坡区的"断裂输导系数"。计算结果表明，玛北斜坡通源断裂的输导系数是玛东斜坡的 4.9 倍，说明玛北斜坡通源断裂的油气输导能力明显强于玛东地区通源断裂的油气输导能力。另外，根据丁文龙等（2011）开展的准噶尔盆地断裂系统控油物理模拟实验表明，断裂是油气优先运移的通道，即断裂的输导能力强于不整合和渗透性砂体。玛东斜坡主要以不整合侧向运移为主，输导能力相对差，且在长距离的侧向运移中降低了油气的运聚效率。玛湖凹陷的二叠系风城组和佳木河组烃源岩的大量生排烃时间主要为早三叠世、早侏罗世和早白垩世（齐雯，2015），与包裹体证实的早侏罗世、早白垩世油气充注期次（张义杰等，2010）以及克夏断裂带和斜坡区的大规模圈闭发育期具有良好的一致性。克百断裂带、乌夏断裂带发育多期的构造活动且构造活动具有继承性（谭开俊等，2008），致使这些断裂带和紧靠断裂带的斜坡区发育大量的背斜、断鼻、断块和断层—岩性圈闭。考虑到三叠系白碱滩组、侏罗系三工河组和下白垩统等区域盖层的发育时间，认为二叠系—三叠系圈闭主要形成于早侏罗世，而侏罗系圈闭主要形成于早白垩世。玛北、玛东等斜坡区主要发育大面积分布的砾岩成岩圈闭和地层圈闭。这两类圈闭的形成有赖于差异性成岩作用控制下成岩致密层的封堵条件的发育。成岩致密层主要受压实

作用和胶结作用控制。根据成岩阶段,推断斜坡区二叠系—三叠系圈闭的形成时间主要在早侏罗世—早白垩世。因此,在断裂带以及玛西斜坡和玛北斜坡形成了多层系含油、规模较大的源外近源油气藏,而玛东斜坡由于缺乏与之相匹配的高效输导体系,只能形成规模较小的源外远源油气藏。

（3）近源油气藏油气充注动力强、充满度高,远源油气藏则油气充注动力较弱、充满度较低

玛湖凹陷主要发育二叠系佳木河组和风城组 2 套烃源岩,主要的排烃期为早三叠世、早侏罗世和早白垩世。早三叠世油气充注时,百口泉组储层物性好(齐雯等,2015;谭开俊等,2011;郭璇等,2010),区域盖层不发育,油气大量散失,储层原生孔中发育沥青。玛湖凹陷三叠系百口泉组的油气主要来自早侏罗世成熟油和早白垩世高熟油的充注,但这两期油气充注对玛北斜坡和玛东斜坡的贡献具有差异性。在玛北斜坡,二叠系生成的油气经通源断裂垂向运移,运移距离短,流体势差大,油气充注动力强,早侏罗世时成熟油在局部构造圈闭内成藏,早白垩世时高熟油进入三叠系后与成熟油混合,甾烷 C_{20}、C_{21} 和 C_{22} 均呈"V"形分布(图 5-23a),表现为两期油气混合特征。因此,多期、强度大的持续充注形成了规模较大、富集程度高的源外近源油气藏。在玛东斜坡,油气沿二叠系不整合侧向运移,运移距离长,流体势差小,油气充注动力较弱(邹志文,2010),早侏罗世成熟油在运移过程中大量散失,早白垩世时高熟油进入三叠系成藏,甾烷 C_{20}、C_{21} 和 C_{22} 含量高,且呈"/"形分布(图 5-23b),表现为晚期高熟油特征。因此,长距离运移、强度较小的油气充注是导致玛东斜坡区远源油气藏规模较小和富集程度较低的核心因素。

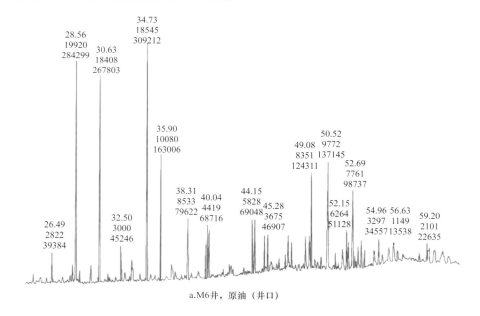

a.M6井,原油(井口)

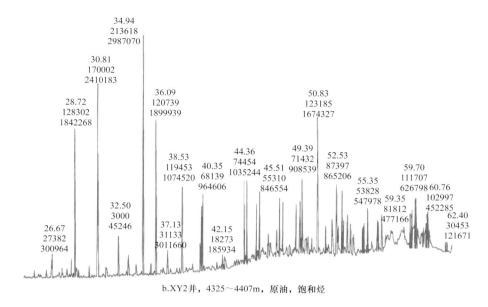

b.XY2井，4325～4407m，原油，饱和烃

图5-23 玛湖凹陷斜坡区百口泉组原油质谱图（m/z=191）

参 考 文 献

Cao Jian, Jin Zhijun, Hu Wenxuan, et al.2007.Integrate GOI and composition data of oil inclusions to reconstruct
    petroleum charge history of gas–condensate reservoirs:example from the Mosuowan area, central Junggar Basin
    （NW China）［J］.Acta Petrologica Sinica,23（1）:137–144.

Clayton, J L, J Yang, et al.1997.Geochemistry of oils from the Junggar Basin, Northwest China.AAPG Bulletin,81:
    1926–1944.

Eadington P J.1991.Fluid history analysis– A new concept for prospect evolution［J］.The APEA Journal,31:282–
    294.

George S C, P F Greenwood, G A Logan, et al.1997.Comparison of palaeo–oil charges with currently reservoired
    hydrocarbons using molecular and isotopic analyses of oil–bearing fluid inclusions:Jabiru Oil Field,Timor Sea［J］.
    APPEA Journal,37:490–504.

George S C, T E Ruble, A Dutkiewicz.2001.The use and abuse of fluorescence colors as maturity indicators of oil in
    inclusion from Australasian petroleum system［J］.APPEA Journal,41:505–522.

Lei Dewen, Abulimiti, Tang Yong, et al.2014.Controlling factors and occurrence prediction of high oil–gas
    production zones in lower Triassic Baikouquan Formation of Mahu sag in Junggar Basin［J］.XinJiang Petroleum
    Geology,35（5）:495–499.

Mclimans R K.1987.The application of fluid inclusions to migration of oil and diagenesis in petroleum reservoirs:
    Applied Geochemistry,2:585–603.

Parnell J, Swainbank I.1990.U–Pb dating of hydrocarbon migration into a bitumen–bearing ore deposit, North Wales
    ［J］.Geology,48（10）:1028–1030.

Parnell J.1998.Dating and Duration of Fluid Flow and Fluid-Rock Interaction［C］.Geological Society Special Publication,144：1-8.

Parnell J.2010.Potential of paleofluid analysis for understanding oil charge history［J］.Geofuids,10（1）：76-82.

Swarbrick R E.1994.Reservoir diagenesis and hydrocarbon migration under hydrostatic paleopressure conditions［J］. Clay Minerals,29（4）：463-473.

Yan Haijun, Jia Ailin, He Dongbo, et al.2014.Developmental problems and strategies of reef-shoal carbonate gas reservoir［J］.Natural Gas Geoscience,25（3）：414-422.

曹剑,胡文瑄,姚素平,等.2006.准噶尔盆地西北缘油气成藏演化的包裹体地球化学研［J］.地质评论,52(5)：700-707.

陈建平,查明,周瑶琪,等.2002.准噶尔盆地克拉玛依油田油气运聚期次及成藏研究［J］.中国海上油气(地质),16（1）：19-22.

丁文龙,金之钧,张义杰,等. 2011.准噶尔盆地腹部断裂控油的物理模拟实验及其成藏意义［J］.地球科学：中国地质大学学报,36（1）：73-82.

高岗,黄志龙. 2007. 油气成藏期次研究进展［J］. 天然气地球科学,18（5）：667-672.

郭璇,潘建国,谭开俊,等. 2012.地震沉积学在准噶尔盆地玛湖西斜坡区三叠系百口泉组的应用［J］. 天然气地球科学,23（2）：359-364.

侯连华,邹才能,匡立春,等.2009.准噶尔盆地西北缘克—百断裂带石炭系油气成藏控制因素新认识［J］. 石油学报,30（4）：513-517.

匡立春,吕焕通,齐雪峰,等.2005.准噶尔盆地岩性油气藏勘探成果和方向［J］.石油勘探与开发,32（6）：32-37.

雷德文,阿布力米提,唐勇,等.2014.准噶尔盆地玛湖凹陷百口泉组油气高产区控制因素与分布预测［J］. 新疆石油地质,35（5）：495-499.

李洪玺,吴蕾,陈果,等.2013.成岩圈闭及其在油气勘探实践中的认识［J］.西南石油大学学报(自然科学版),35（5）：50-56.

李振华,邱隆伟,孙宝强,等.2013.准噶尔盆地中拐地区佳木河组流体包裹体特征及成藏期次划分［J］.天然气地球科学,24（5）：931-939.

鲁新川,孔玉华,常娟,等. 2012.准噶尔盆地西北缘克百地区二叠系风城组砂砾岩储层特征及主控因素分析［J］. 天然气地球科学,23（3）：474-481.

潘建国,黄林军,王国栋,等. 2019. 源外远源油气藏的内涵和特征—以准噶尔盆地盆1井西富烃凹陷为例［J］. 天然气地球科学,30（3）：312-321.

潘建国,谭开俊,王国栋,等. 2015. 准噶尔盆地玛湖富烃凹陷源外近源油气藏的内涵和特征［J］. 天然气地球科学,26（增刊1）：1-10.

齐雯,潘建国,王国栋,等. 2015.准噶尔盆地玛湖凹陷斜坡区百口泉组储层流体包裹体特征及油气充注史［J］. 天然气地球科学,26（增刊1）：64-71.

孙永河,吕延防,付晓飞,等. 2008.准噶尔盆地南缘褶皱冲断带断裂输导石油效率评价［J］.吉林大学学报：地球科学版,38（3）：430-436.

谭开俊,许多年,尹路,等. 2011.准噶尔盆地乌夏地区三叠系成岩相定量研究［J］. 岩性油气藏,23（6）：

24–28.

谭开俊,张帆,赵应成,等. 2008.准噶尔盆地西北缘构造特征分段性对比分析[J]. 石油地质与工程,22(2):
　1–6.

王飞宇,金之钧,吕修祥等.2002.含油气盆地成藏期分析理论和新方法.地球科学进展,17(5):754–762.

王来斌,查明,陈建平,等. 2004. 准噶尔盆地西北缘风城组含油气系统三叠纪末期油气输导体系[J]. 石
　油大学学报:自然科学版,28(2)16–19.

王绪龙,康素芳. 2001. 准噶尔盆地西北缘玛北油田油源分析[J]. 西南石油学院学报,23(6):6–8.

王屿涛,雷玲,向英,等.2012.准噶尔盆地重点区带石油储量增长规律及勘探潜力分析[J].中国石油勘探,
　17(4):8–14.

吴孔友,查明,王绪龙,等. 2005. 准噶尔盆地构造演化与动力学背景再认识[J]. 地球学报,26(3):217–
　222.

吴孔友 .2009.准噶尔盆地乌—夏地区油气成藏期次分析[J].石油天然气学报,31(3):18–23.

杨学文,高振中,尚建林 .2007.准噶尔盆地夏9井区成岩圈闭油藏特征[J].石油学报,28(6):47–51.

尹伟,别毕文,刘桂禄 .2009.准噶尔盆地中央坳陷带包裹体特征及成藏期次分析[J].矿物岩石地球化学通
　报,28(1):53–60.

袁海锋,刘勇,徐昉昊,等 .2014.川中安平店—高石梯构造震旦系灯影组流体充注特征及油气成藏过程[J].
　岩石学报,30(3):727–736.

张义杰,曹剑,胡文瑄 .2010.准噶尔盆地油气成藏期次确定与成藏组合划分[J].石油勘探与开发,37(3):
　257–262.

张义杰,曹剑,胡文瑄. 2010.准噶尔盆地油气成藏期次确定与成藏组合划分[J]. 石油勘探与开发,37(3):
　257–262.

邹妞妞,张大权,吴涛,等. 2015.准噶尔西北缘风城组云质碎屑岩类储层特征及控制因素[J]. 天然气地球
　科学,26(5):861–870.

邹志文,斯春松,杨梦云. 2010.隔夹层成因、分布及其对油水分布的影响—以准噶尔盆地腹部莫索湾莫北
　地区为例[J]. 岩性油气藏,22(3):66–70.

第六章　砾岩成岩圈闭油气藏评价技术与应用

第一节　砾岩成岩圈闭油气藏评价思路及技术方法

一、研究思路及流程

　　玛湖凹陷百口泉组砾岩成岩圈闭油气藏的精细勘探开发关键在于圈闭的成因机制与定量化表征、成藏与油气富集规律认识及评价,因此,"关键成藏期的成储、成圈、成藏、富集等问题和关键评价方法"是研究重点,勘探区带精细评价和目标优选是研究目的。据此总体研究思路为:在充分利用地质、钻井、测井、试油工程、实验测试及地震等资料基础上,一是开展油气藏地球化学研究,明确油气成藏期次;二是针对关键成藏期的储层成岩演化及成储机制、有利相带、圈闭形成机制及模式等开展深入研究,明确砾岩储层成岩演化、有利前缘相带空间展布及圈闭等特征,建立圈闭成因模式;三是在井震高分辨率层序及构造精细解释、断裂—不整合面输导体系评价的基础上,结合储层成岩演化特征,明确砾岩成岩圈闭油藏的成藏演化特征、油气高产富集规律及油藏特征,建立源外油气藏油气差异聚集及富集地质模式;四是开展砾岩成岩圈闭油气藏评价方法体系、关键技术研发,形成较为完善的评价方法和技术体系;五是开展成岩圈闭油气藏有利区带及圈闭综合评价,为精细勘探开发奠定坚实基础。具体研究流程如图 6-1 所示。

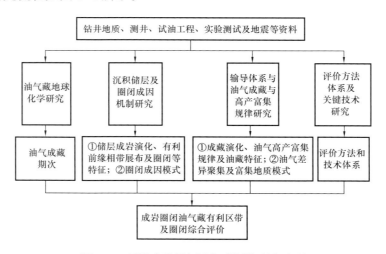

图 6-1　砾岩成岩圈闭油气藏评价研究流程

二、评价方法与技术

（一）评价方法

由于低渗透砾岩油气藏在地震剖面上不易分辨,油藏纵横向变化快,非均质性强,给勘探及评价造成了很大难度,因此在调研国内外油气藏评价方法现状及发展趋势基础上,并针对玛湖斜坡区低渗透砾岩储层的特点,制定了以砾岩成岩圈闭定量化识别、断裂识别、甜点储层预测、古地貌恢复以及压力预测方法等为主导的地质—地震综合预测方法体系(图6-2),主要具有三个方面的特点:(1)常规油气藏评价方法强调系统性,满足不同勘探程度评价对象的需要,重点发展新一代盆地模拟方法,而成岩圈闭油气藏以储层精细刻画为核心,完善从圈闭到油气藏整体动态演化与预测的一个过程;(2)创新低渗透储层评价方法,重点发展圈闭定量化识别、甜点储层预测;(3)强调不同方法的组合应用,以古地貌恢复技术的应用宏观把握有利储层分布区,以砾岩成岩圈闭定量化识别、甜点储层预测为储层评价的主导方法,突出断裂沟通烃源岩及改造储层的前提,强调压力预测的合理性与可靠性。在实际应用中,加强甜点储层的重新认识和精细评价,建立油气运聚全过程模型,为开展砾岩成岩圈闭油气藏一体化评价提供基础地质模型。

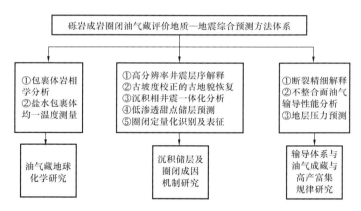

图6-2　砾岩成岩圈闭油气藏评价方法体系

（二）评价技术

成岩圈闭研究程度较低和砾岩成岩圈闭油藏的复杂性,造成国内外砾岩成岩圈闭油气藏评价方法技术研究程度也较低,但通过玛湖凹陷斜坡区百口泉组成岩圈闭油气藏的研究与勘探实践,逐步形成了较为完善的技术体系,主要包括:

（1）高分辨率地震层序解释技术;

（2）古坡度校正的古地貌恢复技术;

（3）砾岩扇三角洲水下前积体识别技术;

（4）低渗透甜点储层预测技术;

（5）砾岩成岩圈闭定量化识别技术;

（6）基于梯度结构张量的小断裂识别技术；

（7）双相介质叠前弹性模量地层压力预测技术。

其中基于梯度结构张量的小断裂识别、古坡度校正的古地貌恢复、砾岩扇三角洲水下前积体识别技术、低渗透甜点储层预测、砾岩成岩圈闭定量化识别及双相介质叠前弹性模量地层压力预测等六项技术是研发的新技术，将在下面作重点介绍。

第二节　主要评价技术与应用

一、基于梯度结构张量的小断裂识别技术

（一）技术发展现状及存在问题

断裂与油气的运聚成藏关系密切，因此，断裂识别是圈闭或油藏评价中的一项关键技术。目前用于断裂解释的方法有相干类、谱分解类、曲率类、蚂蚁体属性等，这些方法有各自的优点及不足，应根据资料的不同、地质条件的不同，可优选适合研究区的方法。常用的断裂识别的方法就是相干算法，相干算法已从第一代发展到第三代。第一代相干算法是基于互相关的相干技术，根据随机过程的互相关分析，计算相邻地震道的互相关函数来反映同相轴的不连续性。这种算法只能有三道参与计算，算法速度相对较快，但由于参与计算的地震道数少，对于有相干噪声的资料，仅用两道数据确定视倾角会有很大误差，且相干体数据的垂向分辨率低。第二代相干算法是基于多道相似的相干体技术，能够较精确地计算有噪声数据的相干性、倾角和方位角，具有较好的适用性和分辨率。第三代本征算法（Bahorich M，1995；Marfurt K J 等，1998）是通过多道本征分解处理来计算波形相似性的一种方法，虽然该算法计算速度较低，但它具有比相似系数算法更高的分辨率，断裂刻画愈加精细。但对于玛湖斜坡区小断裂的识别，特别是具有走滑性质的断裂的识别，因其在地震剖面上表现为同相轴未错断，断点不清晰，多解性强，识别难度依然很大，常规相干算法难以进行有效的断裂刻画。

（二）方法与技术流程

基于梯度结构张量的小断裂识别技术不再从道相关或道相似的角度出发，而是从地震数据空间结构（Bakker，2002）定量化的角度出发，对地震道及其相邻道的变差三分量建立结构张量矩阵，由矩阵特征值构建断裂属性来量化断裂结构特征。该方法主要是利用地震数据平整性与其延续性双标准识别断裂，通过对比断裂处与非断裂处地震数据特征，即当断裂存在时，地震数据平整性会降低，而且这种平整性降低的情况会沿着断裂走向方向延伸的特征进行识别（图6-3）。

因此，对断裂的识别从简单的地震道相关相似发展到对地震数据同相轴平整性及其不

平整处的延续性评价上来,而当地震数据中存在小尺度断裂时,地震数据也会发生不平整现象而且向着断裂方向延续,这种方法实际上增加了对小断裂识别的敏感性。

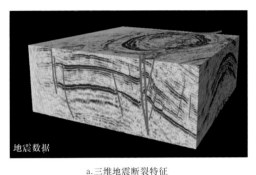 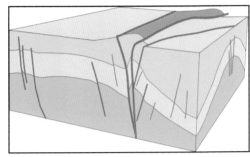

a.三维地震断裂特征　　　　　　　　　　　　　　　b.地质构造模型

图 6-3　断裂地震—地质模型

为了增加方法的有效性,研究中对地震数据地质模式进行简化,将地震数据简单分为三类(图 6-4):第一类,平整结构单元,这类地震数据常见与地震同相轴连续平整,无各向异性或者各向异性低的情况,通常是地层平行结构的表现形式;第二类,不平整且延续结构单元,通常是断裂、长轴背斜、尖灭线等构造的表现形式,当其单元同相轴错断或挠曲,且这种错断沿某方向有着延续性,则是断裂典型的表现方式,也是地震数据结构的典型断裂特征;第三类,不平整短延续或不延续结构,通常是溶洞、残丘等地质体的表现形式,并不代表断裂特征模式。

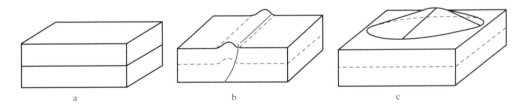

a　　　　　　　　　　b　　　　　　　　　　c

图 6-4　断裂识别原理模式图

a—平整结构单元(地层平行结构等);b—不平整—长延续结构单元(断裂、长轴背斜、尖灭线等);
c—不平整—短延续结构单元(溶洞、残丘等)

通过上面的分析,针对地震数据的不平整性和其不平整处的延续性特征,研发了梯度结构张量方法,该方法具有定量表征结构的优势,通过求解结构张量矩阵的特征值与特征向量,建立三种模式与特征值、特征向量的对应关系,可有效实现三种模式的数学分类(图 6-5)。当分出第二类模式时,我们认为该处有断裂,即完成了断裂的识别。

方法具体实施分为以下四个步骤:

首先将地震数据与高斯函数的一阶导数进行卷积求得三个梯度分量:

$$g_i = I(x) \otimes \frac{\partial G(x_i; \sigma_g)}{\partial x_i} \tag{6-1}$$

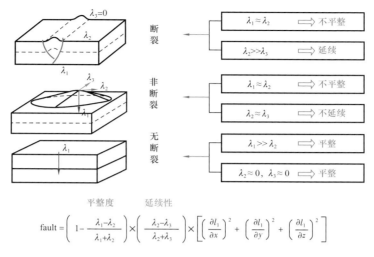

图 6-5 地震数据属性断裂特征识别模式

高斯函数

$$G\left(\boldsymbol{x}; \sigma_g\right) = \frac{1}{\sqrt{2\pi}\sigma_g} e^{-\frac{\boldsymbol{x}^2}{2\sigma_g^2}} \tag{6-2}$$

式中，σ_g 代表平滑因子，$\boldsymbol{x}_i$ 代表三维坐标系沿某轴的坐标。$\boldsymbol{g}_i$ 表示沿该坐标系某轴的梯度分量。

第二步，利用梯度三分量构建结构张量矩阵

$$\boldsymbol{T} = \overline{\boldsymbol{g}\boldsymbol{g}^t} \tag{6-3}$$

可以利用公式（6-4）将张量成分与高斯函数进行卷积得到其空间积分进行局部平均。

$$\overline{\boldsymbol{T}_{\mathrm{ij}}} = \boldsymbol{T}_{ij} \otimes G\left(\boldsymbol{x}; \sigma_{\mathrm{T}}\right) \tag{6-4}$$

高斯函数中的 σ_{T} 控制着局部平均的范围，起着比较重要的作用。范围过大，会使得分辨率较低，范围过小，就会导致噪声干扰。

第三步，求解矩阵（6-5），得到特征值及特征向量。

$$\boldsymbol{T} = \begin{bmatrix} \overline{\mathrm{T}_{11}} & \overline{\mathrm{T}_{12}} & \overline{\mathrm{T}_{13}} \\ \overline{\mathrm{T}_{21}} & \overline{\mathrm{T}_{22}} & \overline{\mathrm{T}_{23}} \\ \overline{\mathrm{T}_{31}} & \overline{\mathrm{T}_{32}} & \overline{\mathrm{T}_{33}} \end{bmatrix} = \begin{bmatrix} \overline{\boldsymbol{g}_x^2} & \overline{\boldsymbol{g}_x\boldsymbol{g}_y} & \overline{\boldsymbol{g}_x\boldsymbol{g}_z} \\ \overline{\boldsymbol{g}_x\boldsymbol{g}_y} & \overline{\boldsymbol{g}_y^2} & \overline{\boldsymbol{g}_y\boldsymbol{g}_z} \\ \overline{\boldsymbol{g}_x\boldsymbol{g}_z} & \overline{\boldsymbol{g}_y\boldsymbol{g}_z} & \overline{\boldsymbol{g}_z^2} \end{bmatrix} \tag{6-5}$$

特征值从大到小依次为 $\lambda_1, \lambda_2, \lambda_3$。

第四步，依据特征值计算断裂属性体，并沿梯度变化最大的方向对断裂属性体提取极大值，获得断裂特征。

（三）应用实例

图 6-6b、c 是用相干和梯度结构张量方法对图 6-6a 地震数据分别计算得到的结果，图 6-6d、e 则是分别提取的平面属性。梯度结构张量方法无论平面还是剖面，对断裂刻画更清晰。

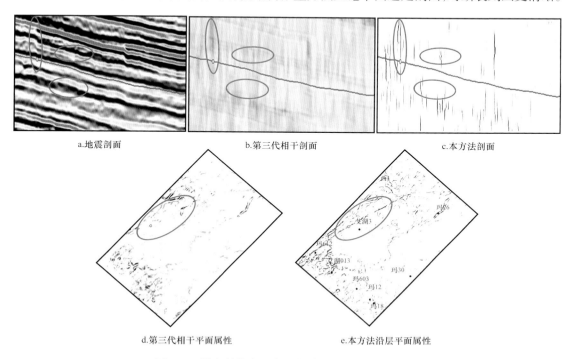

a.地震剖面　　　　　　　　b.第三代相干剖面　　　　　　　　c.本方法剖面

d.第三代相干平面属性　　　　　　　　e.本方法沿层平面属性

图 6-6　梯度结构张量方法与第三代相干算法对比
五幅图小黄点为同一位置

图 6-7 展示了玛湖斜坡风南地区本征值相干属性与结构张量属性的对比，可以看出断裂刻画变得更加精细。结合图 6-8 所展示的断裂解释平面图可以看出，梯度结构张量方法可检测出本征值相干算法中没有体现出来的南北向断裂。

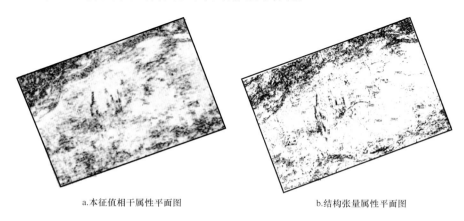

a.本征值相干属性平面图　　　　　　　　b.结构张量属性平面图

图 6-7　风南地区相干属性与结构张量属性对比图

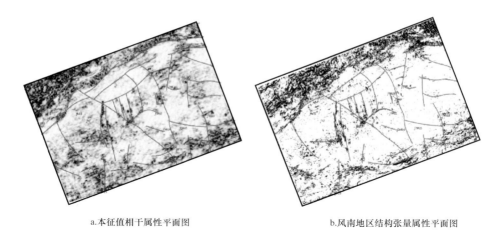

a.本征值相干属性平面图　　　　　　　　　　b.风南地区结构张量属性平面图

图 6-8　风南地区相干属性与结构张量属性断裂解释平面图

图 6-8 展示了玛湖斜坡区乌夏某三维的地震剖面以及通过梯度结构张量断裂检测方法检测的断裂,断裂检测结果与地震剖面吻合较好。

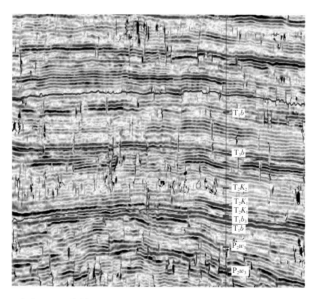

图 6-9　结构张量所识别断裂与地震数据体融合显示

通过对比分析,基于梯度结构张量小断裂识别方法在断裂识别效果和精度上有明显的提高,在小断裂细节的刻画方面更为突出。

二、基于古坡度校正的古地貌恢复技术

古地貌是控制含油气盆地沉积和储层分布的重要因素之一,精细、准确的古地貌对认识区域沉积体系至关重要,是长期以来沉积学研究热点之一。

（一）技术发展现状及存在问题

国外古地貌研究工作开始于 20 世纪 50 年代,把古地貌与油气勘探直接联系在一起的叙述首见于 Thornpury 1954 年出版的《石油勘探中地貌学的运用》一书。书中主要从潜伏喀斯特地形、带状砂和角度不整合等方面,讨论了油气聚集中不整合面的重要作用。目前古地貌研究成果广泛应用于较广的学科范围及领域。

国内于 20 世纪 70 年代中后期通过研究发现,储油构造和地貌之间存在一定的关系,从而把古地貌研究和油气田勘探开发紧密联系起来。主要研究内容包括恢复古地貌形态,划分古地貌单元,分析古地貌与沉积体系、层序地层、储层及油气藏分布的关系,从而将油气富集区的预测与地貌单元的研究联系起来(蔡佳,2011;淡永等,2016;金民东等,2016)。

目前流行的古地貌恢复方法概括起来主要有:印模法、残余厚度法、填平补齐法、层拉平法、沉积学分析法、层序地层学古地貌恢复法、回剥法、井震联合恢复法和碳酸盐岩沉积期微地貌恢复法等。古地貌恢复实践中,研究人员往往重视残余厚度和印模厚度,使古地貌恢复变得简单且便于操作,但也带来了明显问题,这些古地貌恢复方法都没有考虑古坡度,如果遇到地层剥蚀严重的情况,基本上没有好的解决办法。沉积学古地貌恢复法、高分辨率层序地层学古地貌恢复法是近年来兴起的古地貌恢复方法。

沉积学古地貌恢复法就是利用各种基本的地质图件,并通过开展古构造、古水系、古流向和沉积相等的综合性研究,从而达到认识沉积前古地貌形态的目的。该方法恢复古地貌的主要工作内容包括:利用古地质图件,从区域上了解研究区的古地形,明确各地区的剥蚀程度,并确定其古构造格局;在认识研究区古构造格局及发育特点的基础上,判断构造沉降区和抬升区的分布位置;认识研究区地层发育和分布特点及沉积体系在时空的配置演化规律;根据研究区沉积相的研究成果恢复古环境,分析古地貌;研究区古地形特征的研究主要借助于古流向的研究及物源的综合分析;最终确定出剥蚀区和沉积区在当时的分布位置及大致范围,并通过对沉积体系背景及发育状况的了解,判别当时研究区沉积体系的具体类型、特点与水动力特征。

高分辨率层序地层学古地貌恢复法就是将基准面和最大洪泛面结合进行基准面旋回对比来反映沉积前古地貌形态。赵俊兴等(2003)从理论基础、技术方法(分单一沉积体系和多种沉积体系组合两种情况)及基准面旋回级次的选择等方面进行论证,认为高分辨率层序地层学古地貌恢复法能够得到某一基准面旋回沉积前的原始古地貌形态,因此,该方法恢复古地貌是可行的。该方法恢复古地貌的首要工作就是对比参照面的选择,在实际的地层等时对比中,具有更好的实际操作性的参照面通常是最大洪泛面,因此,该方法的技术关键是等时性基准面与最大洪泛面结合进行地层对比来反映沉积前古地貌形态。应用该方法恢复古地貌过程中,为了提高恢复精度,还应考虑压实作用影响。

综上所述,对古地貌恢复技术的研究大多停留在定性阶段,残厚法和印模法作为比较传统的古地貌恢复方法,得到了广泛的应用,但也存在缺陷。因为不同的沉积环境和构造运动导致各个盆地构造样式不尽相同,所以不同地区不能套用相同的古地貌恢复方法。基准面与最大洪泛面结合进行基准面旋回对比来反映沉积前古地貌形态是一个理想的研究思路,但在恢复古地貌的实际工作中面临着可操作性不尽如人意,开展工作难度相对较大等问题。将沉积学分析法与高分辨率层序地层学古地貌恢复法组合恢复古地貌是古地貌发展的必然趋势。

(二)方法与技术流程

本次研究提供了一种新的古地貌恢复的方法,该方法考虑了等时面和沉积期古坡度的因素,利用层序地层学原理,选择区域性等时面作为参考面,在此基础上借助三维地震资料解释出目的层顶、底界面,利用等时面和顶、底面的关系,计算出古坡度,最后在古坡度校正的基础上计算出古地貌形态(图6-10),从而提高古地貌恢复的精度。该方法的技术流程主要包括四个方面(图6-11):

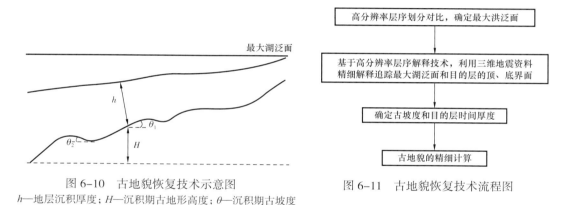

图6-10 古地貌恢复技术示意图
h—地层沉积厚度;H—沉积期古地形高度;θ—沉积期古坡度

图6-11 古地貌恢复技术流程图

(1)通过录井、测井高分辨率层序划分与对比以及井震精细标定,确定最大湖泛面,如玛湖凹陷斜坡区三叠系白碱滩组。

(2)基于高分辨率层序解释技术,利用三维地震资料精细解释追踪最大湖泛面和目的层的顶、底界面。通过井震精细标定,确定出目的层百口泉组顶、底界面,采用高分辨率层序解释技术,对地震数据体进行高精度层序界面解释,得到三维地层模型;再从三维地层模型中抽取较高精度的地震层位,为确定地层时间厚度奠定坚实基础。

(3)确定古坡度和目的层时间厚度。地层沉积期的地层界面在三维空间是一个连续曲面,面上任一点的古坡度可由古坡度角(θ)来表示,坡度角由相邻两地震道的时差来表征,时差越大,角度越陡。本次研究实例中古坡度角指最大湖泛面与目的层底界面的夹角。将最大湖泛面垂向投影到目的层底界面最低点,目的层底界面到最大湖泛面垂向投影面之间的距离即为古地形高度(H)。目的层厚度由目的层的顶、底界面在空间插值后经过相减计算求得视时间厚度,再根据坡度角的大小通过倾角校正得到地层真厚度(h)(图6-11)。

（4）古地貌的精细计算及工业化成图。

（三）应用实例

在准噶尔盆地玛湖凹陷某研究区,结合钻井取心、测井、地震综合研究表明,研究区三叠系百口泉组有利储层受沉积期古地形控制,其中古沟槽水下沉积部分普遍泥质含量较低,储层厚、物性好,例如位于古沟槽水下沉积部分的 M18 井区。而古地形高部位是沉积期的分水岭,储层薄、物性差,泥质含量高,例如位于构造高部位的 M101 井、AH3 井、MX1 井、AH012 井等。利用常规的残厚法恢复的古地貌平面图（6–12 左图）与已钻井的砂体厚度进行了统计。在统计的 35 口井中,26 口井吻合,9 口井（6–12 中红色标注井）不吻合,吻合率为 74.3%。利用本次古地貌恢复技术得到的古地貌平面图（6–12 右图）能较好的解释已钻井的砂体分布规律,在古地貌沟槽内砂体厚度较大,在古地貌高部位砂体厚度较小。从古地貌图上可以看到,百口泉组沉积期发育三个古沟槽,两个分水岭,分别是 AH11—AH9—M604 古沟槽、AH4—AH7—M18 古沟槽、M20—MZ1 古沟槽,AH10—MX1 分水岭、M003—M101—AH012 井分水岭,这些沉积期的古沟槽、分水岭控制了玛西斜坡区沉积体系的分布。其中 M18 井区优质储层发育区是 AH4—AH7—M18 古水系的水下延伸部分,M18 井区优质储层的分布受 AH4—AH7—M18 井古沟槽的控制。同时在新图上统计的 35 口井的砂岩厚度,有 34 口井吻合,吻合率达到 97.1%。

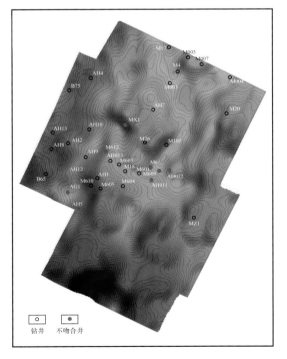 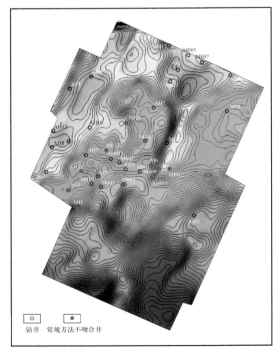

图 6-12　常规方法（左）与本书方法（右）古地貌恢复图对比

利用上述古地貌恢复新方法,首次对准噶尔盆地玛湖凹陷斜坡区三叠系百口泉组一段、百二段、百三段沉积期古地貌进行了整体恢复(图6-13、图6-14、图6-15),为整个玛湖凹陷沉积相带的刻画和砂体的分布预测奠定了基础。从三张沉积期古地貌图可以看出,三叠系百口泉组沉积期发育斜坡低隆、斜坡沟谷和洼地三个主要地貌单元,斜坡低隆主要分布在M006井区、AH4井区、金龙9井区等,对古水系具有分割作用,沟谷主要分布在M006—MX1井区、M22井区、MH1井区、D10井区等,是输砂和聚砂的通道,洼地分布在MZ1井区及以南古地貌较低的区域,是聚砂的场所。总体来看,百一段至百三段古地貌形态继承性发育,斜坡低隆的面积逐渐减小,洼地的面积逐渐增大,体现了水体逐渐加深的过程。

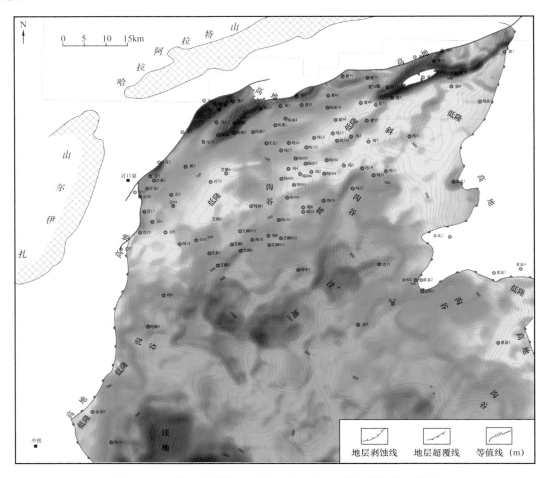

图6-13 玛湖凹陷斜坡区三叠系百口泉组一段沉积期古地貌图

三、砾岩扇三角洲水下前积体识别技术

砾岩作为全球油气勘探的重要领域之一,以非均质性显著为重要特征(Richards,1998;

Wei,2015），因而其储层研究一直是热点与难点。况且，成岩圈闭油气藏勘探最为关键的也是储层，因而就目前来讲，找到与"储层"相关的"砾岩体"是一项十分重要的研究内容。

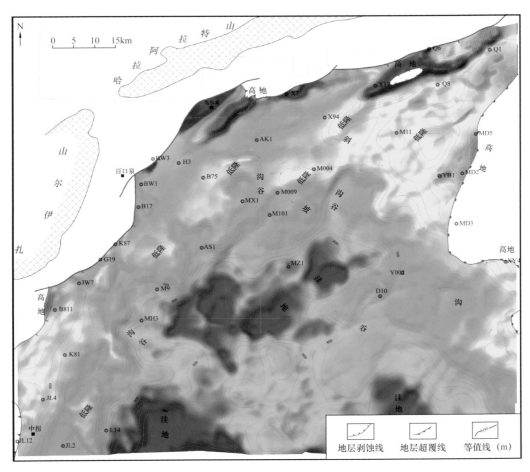

图 6-14 玛湖凹陷斜坡区三叠系百口泉组二段沉积期古地貌图

（一）技术发展现状及存在问题

合理的地层对比是开展储层研究的前提，也是提高油田勘探开发效益的保证。由于陆相地层沉积环境复杂，岩性变化大，地层的旋回性在一定范围内表现的并不明显，尤其在搬运介质变化起主导作用的低级旋回中更是如此，导致旋回性对比可能得到不同的地层对比结果，这种现象称为地层对比的多解性（严科，2011）。在三角洲前缘地层对比中，这种多解性表现的尤为突出，甚至形成了两种不同的地层对比观点和模式，即平对和斜对（朱强，2002）。传统的"平对""等分"等地层对比方法都是以标志层或典型的测井曲线形态及组合规律作为对比的主要标志（朱强，2002）。例如，玛湖地区三叠系百口泉组的内部分层，通常是以测井曲线的形态变化为标准进行划分，尤其是在百口泉组一段（T_1b_1）和百口泉组二

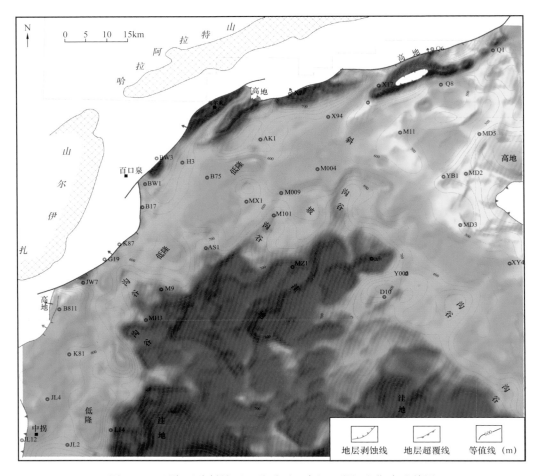

图6-15 玛湖凹陷斜坡区三叠系百口泉组三段沉积期古地貌图

段(T_1b_2)的划分工作中,以泥岩隔层为标志(图6-16),即测井曲线突变的位置将其从中间劈开,这可能代表不了等时界面,该情况在石油勘探界是一个普遍问题,也就是我们常说的岩性地层单元与年代地层单元的区别问题。因此,研究区传统地震层序解释不可避免的有穿轴、穿时现象发生(图6-17a—c),导致有利储层预测难、储层分布不清等诸多问题。而按照地震层序解释的前积模式(图6-17a,b,d)对工区的目的层进行重新解释,问题就会迎刃而解。因为每个反射层代表某种地质时期的等时界面(肖学,2013),避免了穿时以及图中生硬的从中间劈开的问题(图6-17ab)。前积体往往代表了三角洲沉积,是三角洲沉积沿斜坡向盆地深处充填的典型特征(徐怀大,1990;邱燕,1992;蒲仁海,1994;肖学,2013)。并且研究区广泛发育前积体,地震资料条件好(支东明,2018),剖面上清晰可见,便于开展全新层序解释模式的研究工作。

针对前积体有效识别等问题,该技术以准噶尔盆地玛湖凹陷西斜坡三叠系百口泉组一+二段为例,提出扇三角洲水下前积体识别方法,可以有效识别研究区扇三角洲水下有利储集体。

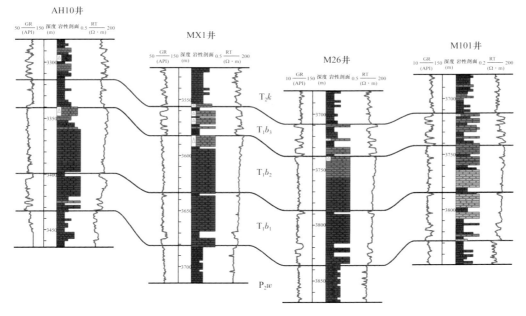

图 6-16　准噶尔盆地玛湖西斜坡三叠系百口泉组地层对比剖面图

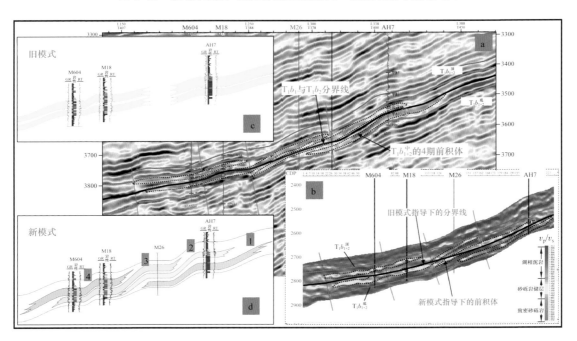

图 6-17　准噶尔盆地玛湖西斜坡过 M604-AH7 井地震及叠前反演剖面图

（二）方法与技术流程

1. 前积体识别

通过精细标定表明,已知油层均发育在强波谷上,对应着前积体的地震响应特征,每一

123

个前积体代表了同一期砂体,可能对应着同一个油层。以玛湖连片三维地震为例,介绍扇三角洲前积体的识别方法。

1)刻画古沟槽

古沟谷是良好的输砂通道,前积体主要发育在沟、坡等古地形处,而在梁等地形平缓处发育不显著(蒲仁海,1998),况且扇三角洲沉积主槽带普遍泥质含量较低,储层厚、物性好,目前钻遇该带井试油多为油层,例如位于构造低部位的 M18 井高产富集区块;而古构造高部位泥质含量高,储层薄、物性差,例如位于构造高部位的 M101 井、AH3 井、MX1 井、M009 井、M612 井,AH14 井、AH012 井等。因此,寻找富含砂砾岩的前积体首先要找的是古沟槽。

沉积期古地貌的恢复是古沟槽最直接的展现形式,利用本章所论述的第二项技术"基于古坡度校正的古地貌恢复技术"精细刻画了百口泉组沉积期古地貌形态(图 6-12 右图),发现了新的古沟槽(AH7—M18 井古沟槽),预测古沟槽面积 113km^2(其中 59km^2 无井钻探)。

2)确定水流方向

前积体是顺着水流方向向盆地内部充填,因此,在找到古沟槽的前提下,其水流方向的确定是第二项重点工作。

地层倾角测井资料中包含着丰富的地质信息,可以研究古水流方向等地层沉积学问题,地层倾角测井对于单井点处古水流判断能力精度较高(胡宗全,2001)。本次应用实例结合 23 口已钻井的地层倾角测井数据,应用地层倾角判别古水流技术,精细刻画古水流方向(图 6-18a)。同时,重矿物类型及组合特征是物源分析的重要依据之一(Got H,1981;Dickinson,1985;Morton,1995;赵红格,2003;马收先,2014),本次结合 33 口已钻井的重矿物数据,确定了研究区 4 支水流的物源方向(图 6-18b)。

3)前积体解释及刻画

找到了古沟槽,并确定了水流方向,只需在古沟槽内顺水流方向(图 6-18a)将地震剖面按照地震层序基本方法解释即可。研究区为玛湖连片三维地震区,地震资料条件好(支东明,2018),前积体在剖面上清晰可见(图 6-17a)。因此,借助三维地震资料,配上叠前反演佐证(图 6-17b),本次研究共识别 4 期前积体,并获得了 4 期前积体的平面展布范围。

2. 有利前积体的识别

勘探实践表明有利储集体往往发育在水下前缘相带,因此在完成前积体的识别之后,仍需要通过湖岸线的确定,进一步明确有利的水下前积体的分布特征,为有利储集体识别和预测提供有效的宏观控制。

1)湖岸线的确定

研究区砾岩沉积分为水上和水下两个部分。水上沉积:氧化环境,颜色以红褐色为主,分选差,结构成熟度低,泥质含量高,典型代表是扇三角洲平原亚相。水下沉积:还原环境,颜色以灰绿色为主,分选好,结构成熟度高,泥质含量低,典型代表是扇三角洲前缘亚相。水下沉积经过水流淘洗,分选相对较好,泥质杂基含量低,储集性能较优(郭华军,

2018），且目的层油气主要赋存于扇三角洲前缘砾岩储集体中（唐勇，2018）。因此，为了进一步确定有利前积体，需要寻找位于水下部分的前积体，即确定每一期前积体沉积时的湖岸线分布。

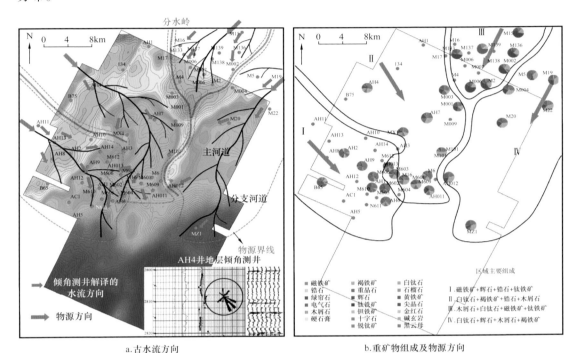

a.古水流方向　　　　　　　　　　b.重矿物组成及物源方向

图6-18　准噶尔盆地玛西地区古水流展布解译、重矿物组合特征及物源方向

由水上沉积转变为水下沉积的分界面，代表湖平面。图6-19aM18井和AH7井岩心柱状图中，由红褐色沉积转变为灰色沉积，即由水上沉积转变为水下沉积的面代表一个湖平面。以AH7井为例，该湖平面对应一个深度（3647m）。将该深度（3647m）标定到地震剖面上，则该点对应了一定的地震响应特征，沿着该点按照地震响应向上追踪，会与目的层的顶界相交，该交点即为此时沉积的湖岸点（图6-19b），按照此种方法将两个方向的地震剖面分别追踪以获得全部湖岸点，湖岸点的连线即为该期湖岸线（图6-19c）。以第二期湖岸线为例（图6-19c），其剖面上湖平面形态如图6-19d。从而，通过该湖岸线确定方法，恢复了研究区百口泉组一段和二段共三期湖岸线的分布，位于湖岸线以下的前积体为有利目标，可能是较好的储集体。

2）明确甜点储层发育有利区带

水下前积体是油气勘探的有利目标，但其存在非均质性，即水下前积体哪一部分更好，也就是甜点储层的预测问题。通过岩心实测、测井解释、核磁数据以及试油成果等分析表明，水下前积体物性及含油性向中间变好（图6-20）。因此，按照该技术所介绍的解释模式进行钻井部署的过程中，应该钻探水下前积体，并尽量避免打到其边部。

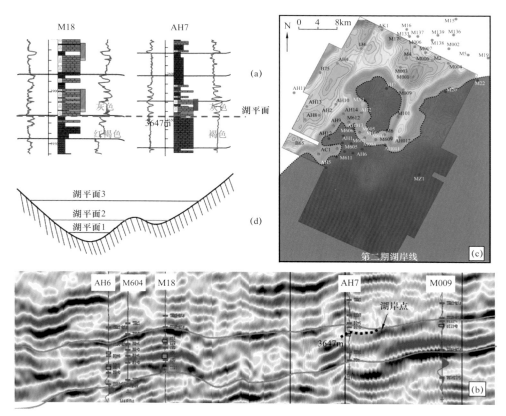

图 6-19 准噶尔盆地玛西地区百口泉组前积体沉积期湖岸线确定方法示意图

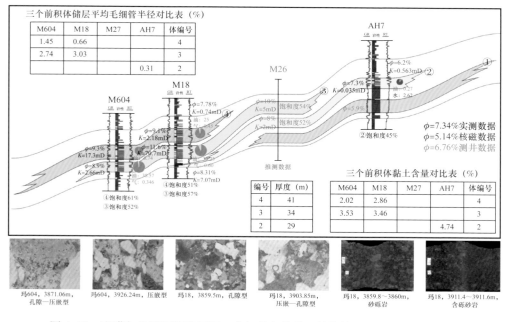

三个前积体储层平均毛细管半径对比表（%）

M604	M18	M27	AH7	体编号
1.45	0.66			4
2.74	3.03			3
			0.31	2

编号	厚度（m）
4	41
3	34
2	29

三个前积体黏土含量对比表（%）

M604	M18	M27	AH7	体编号
2.02	2.86			4
3.53	3.46			3
			4.74	2

玛604，3871.06m，孔隙—压嵌型　　玛604，3926.24m，压嵌型　　玛18，3859.5m，孔隙型　　玛18，3903.85m，压嵌—孔隙型　　玛18，3859.8~3860m，砂砾岩　　玛18，3911.4~3911.6m，含砾砂岩

图 6-20 准噶尔盆地玛西地区百口泉组前积体微观结构特征及甜点分布剖面图

因此,在前文流程的基础上,找到了前积体的分布,又确定了前积体的水下部分,再进一步明确甜点储层在前积体中分布特征,即利用钻测采资料,模式化的圈定最优储层宏观展布特征,以期为有利储集体的预测提供有效控制条件,而关于详细的"甜点"储层定量化预测技术,将在接下来的内容进行介绍。

(三)应用实例

应用该方法,在准噶尔盆地部署了预探井 M26 井(图 6–21a),旨在钻探 3 号前积体水下部分,以期获得 M18 油层的延伸。

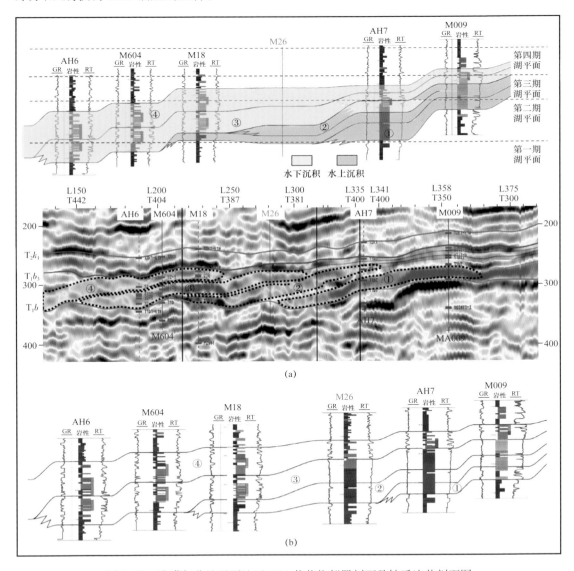

图 6–21   准噶尔盆地玛西地区 M26 井井位部署剖面及钻后连井剖面图

钻后评价表明,M26 井打到 3 号前积体(图 6-21),与设计吻合,但前积体范围稍有误差。3 号前积体在玛 26 井处有一半位于水下,一半位于水上,其水下沉积边界位于 M26 井,说明本次钻探打到了湖边上,其向 M18 方向均为有利储层。本次研究解放了 M18 以北很大范围的勘探空白区,同时 M26 井可确定 M18 油藏边界,圈定控制储量,初步估算向北拓展 18.2km^2,地质储量超千万吨。

勘探实践证实,该思路和技术预测扇三角洲有利储集体是现实可行的,值得在类似的地区推广应用。同时对于前文所提到的砾岩成岩圈闭宏观背景的预测具有很好的效果,即圈定扇三角洲前缘有利"砾岩体",为后续进一步成岩圈闭非均质性的刻画(甜点预测及圈闭定量化识别)奠定基础。

四、甜点储层预测技术

"甜点"储层是一个相对的概念,指在普遍低孔隙度、低渗透率储层中发育的物性相对较好的有效储层(杨晓萍等,2007)。准噶尔盆地玛湖凹陷斜坡区三叠系百口泉组砾岩储层具有低孔低渗的特征(谭开俊等,2014),后期由于酸性水介质对其中长石、岩屑等颗粒的溶蚀作用,产生了大量的次生孔隙,形成了甜点储层,而且大部分油气都储集在这些甜点储层中,因此,甜点储层预测是砾岩成岩圈闭油气藏评价的关键技术之一。

(一)技术发展现状及存在问题

自 1999 年美国地质调查局提出甜点储层的概念以来,随着测井和地震技术的飞速发展,国内外利用测井和地震等地球物理资料对甜点储层的预测取得了很大进展。宋子齐等(2008),选用多个参数,建立了岩石物理相甜点综合评价指标体系。刘力辉等(2016),提出了地震物相的概念,通过预测地震物相达到甜点预测的目的。潘光超等(2016),立足测井岩石物理分析结果,利用基于测井曲线重构的叠前反演技术预测甜点储层。曹冰等(2018)通过岩石物理分析优选低孔低渗储层的岩性、物性敏感参数,利用地震正演模拟分析甜点储层的地震反射特征,并进行孔隙度及含气性预测的可行性分析。运用相控—叠前同步反演技术得到高精度的敏感参数体,进行目的层砂体厚度、孔隙度、含气性及脆性指数展布特征的刻画,从而得到甜点储层的分布。从这些技术和方法来看,甜点储层预测的关键是储层物性(孔隙度)预测。

目前,储层物性(孔隙度)预测主要方法有以 Wyllie 时间平均方程为基础的地震速度求取孔隙度方法,利用孔隙度与声波速度线性回归关系求取孔隙度的方法,建立地震属性与各井孔隙度的多元线性关系和非线性关系计算孔隙度,岩石物理与多属性相结合求取孔隙度的方法,基于地震相分析的孔隙度计算等(李忠,2006)。这些方法的本质都是从统计学的观点出发,建立各种属性与孔隙度的线性关系或者非线性关系,然后应用建立的关系式将地震属性数据映射为孔隙度属性。这些方法计算孔隙度的精确度不稳定,且其物理意义不明确。

从技术研究现状分析,甜点储层预测的关键是储层物性(孔隙度)预测,对于储层孔隙度预测,一般都需要建立速度—孔隙度关系,这种关系无论是线性或非线性,都随着纵向压实和横向沉积的变化而产生时变和空变。因此,采用现有技术很难建立一个准确的低渗透碎屑岩储层的岩石物理模型,从而导致由地震参数转化为孔隙度时预测准确度不高(蔡涵鹏,2013)。特别是在西部地区,由于受地表条件和地层埋深的影响,地震资料品质较差,甜点储层与非甜点储层的地震响应差异小。因此,利用地震资料识别甜点储层难度大,进行孔隙度预测多解性强、准确度不高。

(二)方法与技术流程

为了降低甜点储层预测的多解性,提高准确度,需要地质研究和地震预测技术紧密结合,在储层成因的基础上,采用"相带、河道、物性+裂缝"逐级控制的新思路,综合预测甜点储层的分布。首先,利用高分辨率地震层序地层解释技术得到等时的地质界面,恢复沉积期古地貌,井—震结合,精细刻画相带边界;然后,在有利相带内,采用基于模型正演的地震属性定量分析技术,预测主河道砂体的展布;其次,在主河道砂体分布范围内,在叠前共反射点道集优化处理的基础上,利用射线弹性阻抗反演技术,预测储层物性的分布;最后,采用高分辨率相干加强技术预测裂缝的分布。预测流程见图6-22。

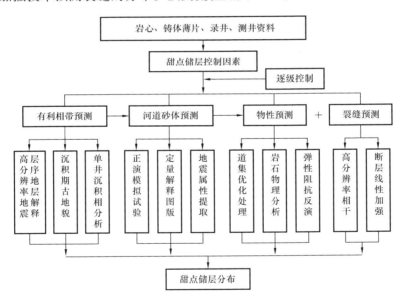

图6-22　甜点储层预测流程图

甜点储层的成因分析明确了甜点储层的控制因素,为甜点储层的地震预测指明了方向,同时也为甜点储层的地震预测结果提供地质解译依据。

1.甜点储层成因分析

大量岩心观察和岩石薄片鉴定结果表明,玛湖凹陷北斜坡三叠系百口泉组储层岩性以砂砾岩和岩屑砂岩为主,其次为砾岩。岩石成分成熟度和结构成熟度较低。储集空间类型主要是剩余粒间孔、粒间溶孔、粒内溶孔及微裂缝。根据玛北斜坡区三叠系百口泉组508块样品分析，储层孔隙度一般为1.17%～16.40%，平均7.69%；渗透率一般为0.01～337.00mD，平均3.70 mD，表现为低孔低渗的特征，局部发育甜点储层（孔隙度大于10%）。

1）沉积相控作用

从储层物性分析结果可以看出，扇三角洲前缘亚相物性好于扇三角洲平原亚相，前缘亚相中河道微相物性好于其他微相，而河道微相中储层物性也存在较大差异。通过岩心观察，把河道微相又进一步分为两类，一类是水下分流主河道，砂砾岩厚度大，砾石间充填砂质颗粒，胶结疏松，物性好；另一类是水下分支河道，砂砾岩厚度小，砾石间充填泥质，胶结致密，物性差。因此，从沉积作用的角度来看，甜点储层主要分布在扇三角洲前缘水下分流主河道发育的地区。

2）成岩相控作用

研究区主要的成岩作用是压实和溶蚀作用，从孔隙的演化史看，埋深小于3000m时，随着深度的增大，孔隙度逐渐减小，主要是正常压实作用造成的，储集空间主要是粒间孔和剩余粒间孔。在这个阶段，水下分流主河道砂砾岩由于厚度大，泥质含量少，有利于抗压，保留了原生孔隙；埋深大于3000m时，随着深度的增大，孔隙度逐渐增大，主要是溶蚀作用造成的，储集空间主要是粒间溶孔和粒内溶孔，由于水下主河道水动力强，泥质含量低，压实压溶作用弱，只是在成岩早期形成了部分硅质胶结，后期由于酸性水介质对其中长石、岩屑等颗粒的溶蚀作用，形成了大量的次生孔隙，大大改善了低渗透砂砾岩储层的物性。

3）裂缝改造作用

裂缝的发育不仅可以改善低渗透砂砾岩储层的渗透能力，而且可以作为有效的储集空间，增加低渗透砂砾岩储层的非均质性。裂缝分为宏观裂缝和微观裂缝，其中宏观裂缝主要是构造作用形成的压碎缝，微观裂缝主要是成岩作用形成的溶蚀缝和收缩缝。在玛北地区储层中，裂缝的发育主要与构造作用有关，具有一定的方向性，主要发育在构造应力比较集中的地区。

通过对储层基本特征的研究及控制因素的分析，认为研究区甜点储层是指受溶蚀作用和构造作用导致物性变好的储层，主要发育在扇三角洲前缘水下分流主河道，孔隙度一般大于10%，且裂缝发育。由此，建立了"甜点"储层发育模式（图6-23），明确了甜点储层的分布主要受前缘相带、主河道砂体、物性及裂缝的控制。

2. 甜点储层地震预测

在储层成因分析的基础上，采用"相带、河道、物性＋裂缝"逐级控制的新思路，综合预测甜点储层的分布。

1）有利相带预测

有利相带预测主要是利用高分辨率地震层序地层解释技术得到等时的地质界面，恢复沉积期古地貌，结合单井沉积相分析，精细刻画相带边界。具体的做法是：通过精细标定，确定了三叠系百口泉组的顶界面、底界面,以百口泉组顶界面、底界面为约束层,用最优化的分析思想对地震数据体进行空间解构,得到三维地层模型,从三维地层模型中抽取目的层(百口泉组二段)的顶界、底界层位,用厚度法恢复沉积期古地貌,井—震结合,对古地貌进行合理的地震地质解译。如图6-24所示,物源来自工区的北部,扇体的边界及河道的展布受古地貌的控制,其中低隆控制了扇体的边界,沟谷控制了河道的展布,MA13—MA2井区为水下低洼区,为扇三角洲前缘砂体沉积卸载提供了空间。

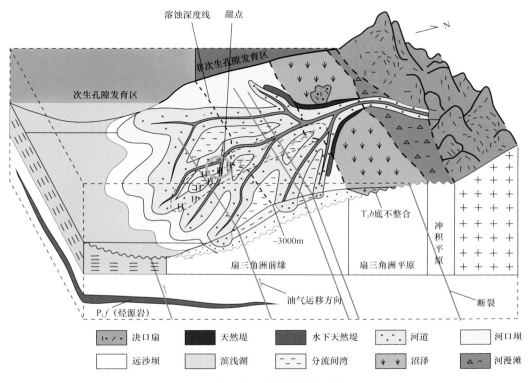

图6-23　甜点储层发育模式图

2）主河道砂体预测

由于主河道具有砂体厚度大的特点,因此可以通过预测砂体的厚度来预测主河道的展布。为了确定砂体厚度与地震响应特征之间的关系,建立了砂体楔状体地质模型,图6-25a为地质模型,楔状体砂体厚度从0渐变到22m,砂体厚度的设计来自实际井资料,正演模拟的参数来源于实际野外采集参数,采用波动方程正演模拟的方法进行正演。从正演偏移的结果可以看出,在调谐厚度内,随着砂体厚度的增大,振幅值增强。因此,地震振幅的大小及形态可以反映河道砂体的厚度及分布。图6-26中红色的区域代表河道砂体厚度大的地区,即为主河道发育的地区。结合沉积期古地貌图可以看出,研究区发育两条主河道:一条是沿M13—M132—M007—M006—M001井一线,另一条是在M002井区及M004井南部地区,这两个地区地震振幅较强,砂体厚度较大。

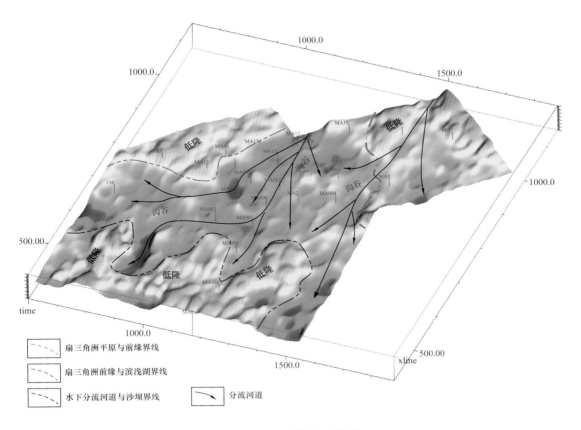

图 6-24 沉积期古地貌图

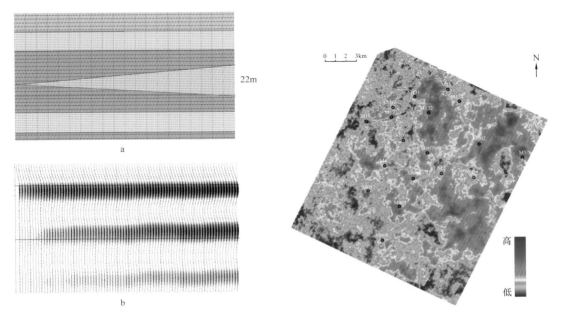

图 6-25 地质模型及正演偏移剖面 　　图 6-26 最大波峰振幅属性平面图

3）物性预测

为了提高孔隙度的预测精度,本次采用的方法如下:首先,对叠前 CRP 道集进行优化处理(刘力辉等,2013);然后,通过岩石物理分析,优选敏感参数;最后,进行叠前弹性参数反演。其中,对叠前 CRP 道集进行优化处理的目的是在前期资料处理的基础上做进一步的补偿性处理,达到真振幅恢复;同时尽可能挖掘宽角度信息,使实际记录的 AVO 曲线具有稳定的抛物线特征,为叠前弹性参数反演打下良好的资料基础。图 6-27 为叠前 CRP 道集优化处理前后的对比图,从图中可以看出,原始道集资料(图 6-27a)存在随机噪声比较强、近偏移距振幅弱、同相轴分叉、中、远偏移距频率低,同相轴弯曲等问题,经过滤波处理和振幅、相位的补偿以及道集拉平后,可以清楚地看到随机噪声得到了压制,近偏移距能量得到补偿,同相轴弯曲的现象被消除(图 6-27b),而且也保持了振幅随着偏移距变化的规律。处理后道集的 AVO 规律(图 6-27e)相比原始道集(图 6-27d)更加接近正演道集的 AVO 规律(图 6-27c、图 6-27f),由此佐证了处理结果的可靠性。

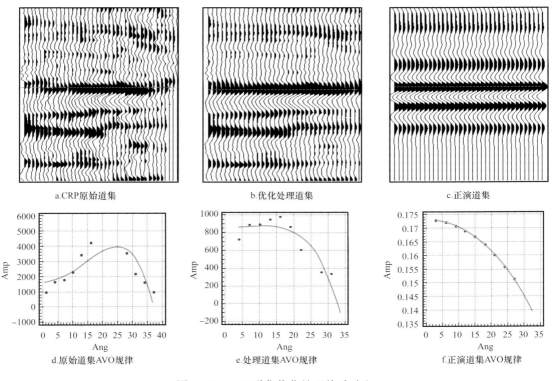

a.CRP原始道集   b.优化处理道集   c.正演道集

d.原始道集AVO规律   e.处理道集AVO规律   f.正演道集AVO规律

图 6-27　CRP 道集优化处理前后对比

岩石物理分析是连接储层参数与地震弹性参数之间的桥梁,利用核磁孔隙度测井资料及不同角度弹性波阻抗进行交会分析,认为近角度弹性波阻抗反应孔隙度比较敏感,孔隙度大于 10% 的储层其近角度弹性波阻抗值小于 10000（m/s）·（g/cm³）。最后,在道集优化处理及岩石物理分析的基础上,选用 0°～13° 的部分角度叠加数据,进行射线弹性波阻抗反演(刘力辉等,2011),进而预测孔隙度大于10%的分布范围。图6-28为近角度叠前弹性波阻抗反演平面图,图中红黄色区域是波阻抗小于10000(m/s)·(g/cm³)分布范围,也就是孔隙度大于10%的分布范围。可以明显看出物性的分布范围与主河道砂体的分布相吻合,沿M13—M132—M007—M006—M001井一线,和M002井区及M004井南部地区,主河道发育的地区,储层孔隙度较高,这也说明了物性预测的合理性。

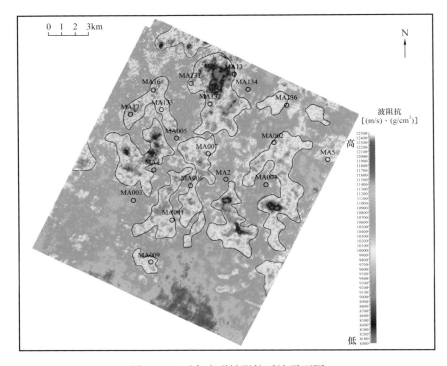

图6-28　近角度弹性阻抗反演平面图

4)裂缝预测

目前,裂缝预测的方法很多(周新桂等,2007),根据研究区实际地震资料情况,在叠前CRP道集优化处理的基础上,选用全角度叠加数据,采用高分辨率相干加强技术预测裂缝。第一步,利用高分辨率本征值算法得到相干数据体;第二步,对相干体数据在时间切片上进行图像处理来消除由于采集原因所形成的条带状噪声;第三步,对消除噪声的数据体在时间切片进行断层的线性增强处理;第四步,对经过了线性增强的数据体进行平面增强处理,平面参数通过输入方位角和倾角来确定。经过前面四步的处理,留下来的线性增强条带或轮廓就是裂缝的反映。图6-29是由该方法得到的裂缝平面分布图,图中红黄色区域代表裂缝发育区,裂缝发育区呈北东—南西向展布,从裂缝发育区的展布可以看出,裂缝的发育主要受断裂的控制。晚海西期,工区西北部受南东方向的挤压,形成了两条断裂带,在断裂带附近地层压裂破碎,形成了裂缝发育带。从上面的分析可知,裂缝预测的结果与地质认识一致。同时,预测结果与钻井的成像测井解释结果吻合较好。

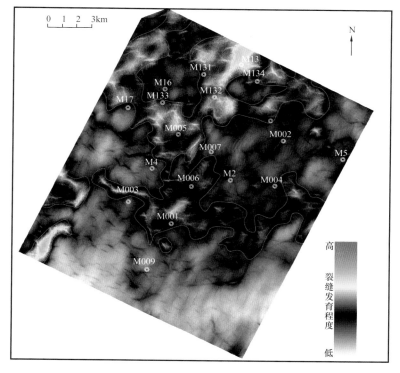

图 6-29　裂缝预测平面图

（三）应用实例

在准噶尔盆地玛北地区,采用"相带、河道、物性＋裂缝"逐级控制的思路,预测"甜点"储层面积 41.2km²,图 6-30 中橘色的区域为前缘相带、主河道砂体、孔隙度及裂缝叠合的范围,即为甜点储层的分布范围。为了验证这种方法的合理性及可行性,统计了研究区 17 口井的实测孔隙度,并与预测孔隙度进行了对比,发现预测结果与实测结果吻合率达94%。另外,在预测的甜点储层发育区部署的 M132 井,砂体有效厚度达到 12.1m,实测孔隙度 11.1%,裂缝也较发育。因此,无论从钻前统计结果,还是钻后实测结果,都证实利用这种新思路和新方法预测甜点储层是有效可行的。

五、砾岩成岩圈闭定量化识别方法

（一）技术发展现状及存在问题

砾岩成岩圈闭定量化识别关键在于成岩圈闭边界条件的研究,指的是储层和非储层(致密层)之间的界定关系,其衡量手段是油气充注储层临界物性。前文已经对储层临界物性的发展现状进行了论述,并初步对储层临界物性提出了新思考。

2014—2016 年间,参照前人研究方法,对研究区百口泉组砾岩储层进行了临界物性的求取,基本思路如下:

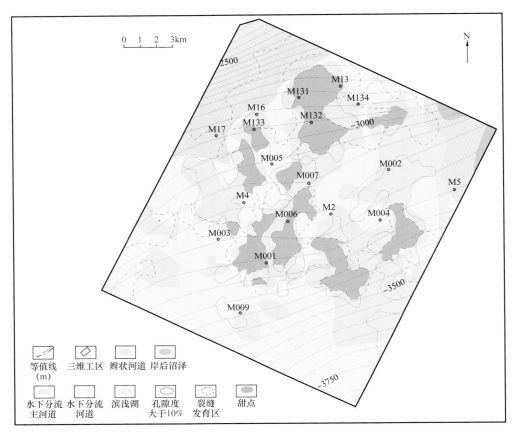

图 6-30　甜点储层平面分布图

$$\phi_{储层临界} = (\phi_{成藏期} - \phi_{现今}) + \phi_{现今油层物性下限}$$

其中现今含油物性下限的求取如图 6-31 所示。

由于考虑到了成藏期的问题,该方法在前期一直应用并计算出百口泉组轻质油充注储层临界孔隙度为 7.7%。但是,按照这个数值进行成岩圈闭的刻画带来了问题,首先,在勘探过程中低于储层临界物性的地区见油(X89、X90、X94 等井),同时发现高于储层临界物性的地区出水(AH7、AH11、AH012、MZ1、M603 等井),这些井都是成岩圈闭刻画完之后部署的探井。在正常情况下,低于储层临界物性的圈闭,油应该充不进去,但勘探实效相反;高于储层临界物性的圈闭,油应该能够充进去,结果测试出水。其次,从成藏机理上,不同地区油气充注强度不同(玛西为近源,玛东为远源);不同层系,油气充注阻力不同(纵向上与源岩距离不同)。所以储层临界物性只取一个固定值显然不合适,因此,需要开发新的技术和方法。

(二)方法与技术流程

通过前文叙述,不同地区不同深度临界物性可能表现出不一样的值域范围,考虑到研究区烃源岩及圈闭的分布情况,针对此项研究要分区、分深度进行研究,初步将研究区分为三个区带(图 6-32)。具体研究思路及流程如图 6-33 所示。

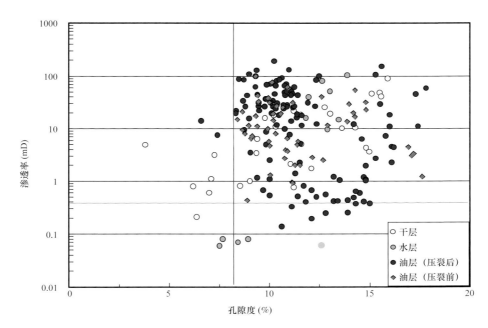

图 6-31　玛湖凹陷百口泉组含油物性下限交会图

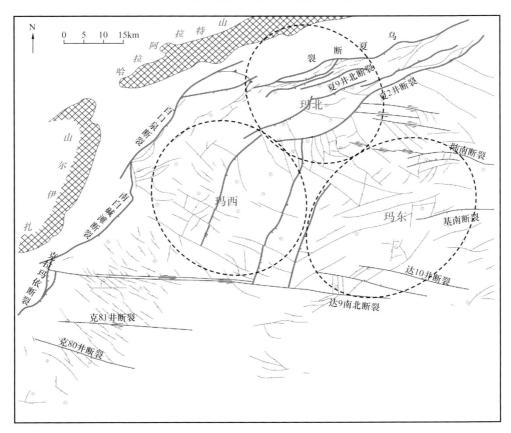

图 6-32　玛湖凹陷油气充注储层临界物性研究分区示意图

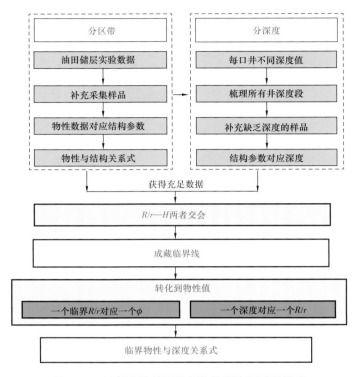

图 6-33 油气充注储层临界物性研究思路及流程

同时该方法属于石油行业圈闭识别常规方法,关键是地质地震相结合识别砾岩成岩圈闭的技术,即在确定临界物性之后,要将其与地震建立联系,便于下一步的圈闭预测工作。具体地讲是建立"临界物性、深度、波阻抗"之间的函数关系式,从而实现砾岩成岩圈闭定量识别的方法,研究思路见图 6-34。

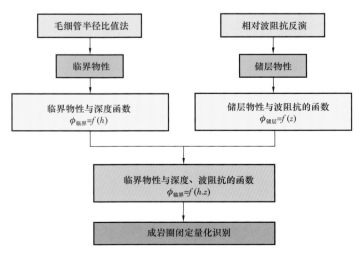

图 6-34 砂砾岩成岩圈闭定量识别技术流程图

（1）统计近似深度下低渗透砂砾岩成岩圈闭含油气性并计算内外毛细管半径比值（R/r），证实 R/r 控制成岩圈闭的有效性。

在近似深度下对钻井所在圈闭进行试油成果的统计，并通过实验或已有数据，获取对应圈闭的储层毛细管半径值以及围岩毛细管半径值。近似深度下围岩毛细管半径值取同一个值，如果围岩数据点较多，则取平均值。通过统计 R/r 是否存在某一值，当其小于该值时，试油成果为干层或水层，当其大于该值时，试油成果为含油水层、油水同层或油层，从而证实成岩圈闭的有效性受储层与围岩孔隙结构特征控制，其可以用毛细管半径比值（R/r）进行量化表征。

（2）利用成岩圈闭内外毛细管半径比值（R/r）与深度交会图版，建立临界储层毛细管半径值与深度的关系。

通过实验或已有数据，获取工区内所有已知圈闭的深度、储层毛细管半径值以及围岩毛细管半径值，圈闭的试油成果必须为含油水层、油水同层或油层。在获取储层毛细管半径值的同时，记录该值对应的孔隙度值，为后续工作做准备。将成岩圈闭内外毛细管半径比值（R/r）与深度进行交会，得到成藏临界条件的线性函数（如图 6-35a），建立临界储层毛细管半径比值与深度的关系。

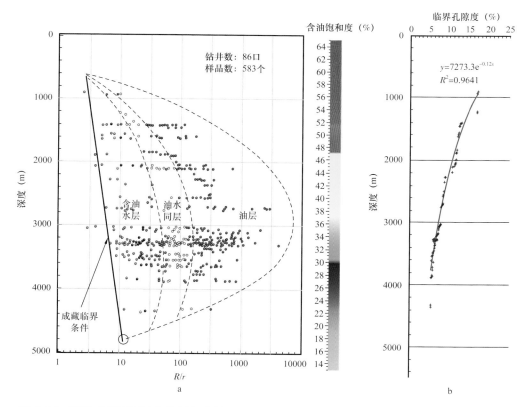

图 6-35　砾岩成岩圈闭油藏储层与非储层毛细管半径比值、含油饱和度及孔隙度与深度关系图

（3）基于储层毛细管半径与孔隙度相关性，求取临界孔隙度与深度的函数关系。

前人研究表明，大多数情况下储层毛细管半径与储层孔隙度存在正相关性。利用临界储层毛细管半径值与深度的关系图版中储层临界 R/r 值所对应的孔隙度值，确定每一个临界储层毛细管半径值对应一个临界孔隙度值，并将临界孔隙度值与深度交会（图 6-35b）：

$$\Delta p_c = p_r - p_R = 2\sigma \cos\theta \left(\frac{1}{r} - \frac{1}{R} \right) \tag{6-6}$$

$$\phi_c = -0.069^{-1} \ln\left(\frac{H}{6504.8} \right) \tag{6-7}$$

（4）建立储层孔隙度与波阻抗的函数关系。

研究区孔隙度与相对波阻抗之间存在较好的相关性。统计孔隙度值以及对应的相对波阻抗，拟合两者关系（图 6-36）。

$$\phi_R = 6.2731 e^{-6E-04z} \tag{6-8}$$

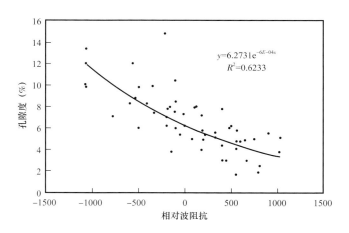

图 6-36　砂砾岩孔隙度与相对波阻抗交会图

（5）成岩圈闭定量识别。

当式（6-8）等于式（6-7）时，即 $\phi_R = \phi_c$ 时，储层孔隙度对应着临界孔隙度，此时，深度与相对波阻抗建立了函数关系，对应了该深度条件下的临界相对波阻抗。$\phi_R > \phi_c$ 时，成岩圈闭有效，即任何深度条件下，滤掉大于临界相对波阻抗值的，剩下为有效成岩圈闭。

（三）应用实例

1. 在 M131 三维地震成岩圈闭预测中的应用

将该方法用于 M131 三维地震中的成岩圈闭刻画，图 6-37a 为前期工作（临界物性为定值）所得，图 6-37b 为利用该方法的预测结果。可以看出，利用新的临界物性求取方法，成岩圈闭识别更精细,与钻井吻合率更高(图 6-37a 吻合率为 64%,图 6-37b 吻合率为 97.5%)。

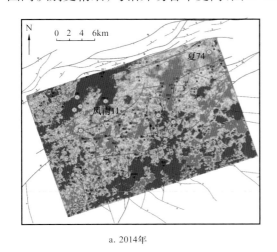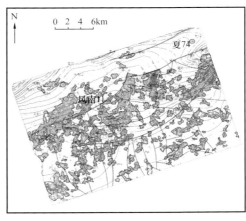

a. 2014年   b. 2015年

图 6-37   玛北地区成岩圈闭识别成效对比图

2. 在玛湖连片三维中的应用

将该方法用于玛湖连片三维中的成岩圈闭刻画。前后 20 口井的钻探表明,除 AH8 井以外,其余 19 口井的钻探情况与预测结果吻合,吻合率达 95%（图 6-38 ）。

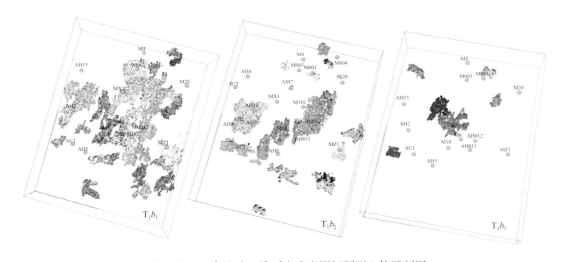

图 6-38   玛湖连片三维砾岩成岩圈闭预测立体雕刻图

六、双相介质叠前弹性模量地层压力预测技术

（一）技术发展现状及存在问题

自 Pennebaker1968 年在《World Oil》上发表论文以来,许多学者研究了利用地震资料预测地层压力的方法（Bob Bruce 等,2002；艾池等,2007）,使得利用地震资料预测地层压

力取得了显著的进展。Fillippone（1982）详细分析了美国东南海岸墨西哥湾的井震资料，先后提出两种简单而实用的预测公式，并且这两种方法都不需要建立正常压力趋势线，因为正常压力趋势线的建立往往受人为因素比较大。国内外也有许多学者将测井上的地层压力预测方法套用到地震上，并总结出多种方法，但其预测效果都与地震上速度的求取精度密切相关（Eberhart-Phillips D 等，1989），正如 N.C.Dutta（2002）发表的关于地层压力研究现状与未来走向的评论文章上所描述的。他将地震上的叠加速度或由叠加速度获得的层速度和岩石速度做严格区分，认为他们之间存在着本质上的区别，应该利用层析成像建立层速度模型来获取岩石速度，并指出将二者相关联在地层压力预测中起到了非常重要的作用。而后 N.C.Dutta 和 Jalal Khazanehdari（2006）进一步发展了一种高精度地层压力预测方法，其首先利用井数据建立有效应力与速度校正模型，接着综合使用反演速度和叠加速度，反演速度为叠后波阻抗反演所得。反演速度用于代表高频信息，并结合叠加速度转换的层速度，从而实现高低频信息结合的地层压力预测。国内则主要有刘震（1990）通过对 Fillippone 公式进行改进，他认为中、浅层地层压力与速度之间存在对数关系。云美厚（1996）考虑了其他因素对速度的影响，故添加了一个随速度变化的校正系数。石万忠等（2006）提出的利用多地震属性联合预测地层压力，先利用瞬时频率的低频特性圈定超压带的范围，再在超压带内建立地层压力和波阻抗之间的关系，这样就排除了岩性对超压带的影响，并且可以较为方便的划分异常压力带。接着，根据各超压带地层压力与波阻抗的统计关系，求取各超压带内的地层压力。倪冬梅等（2011）提出了基于双谱扫描速度分析下的地层压力预测方法，其比一般的叠加速度多考虑了各向异性参数非椭圆率对层速度影响。周东红等（2014）在借鉴 N.C.Dutta 压力预测方法的基础上提出了一种新的地层压力预测方法，同样采用了反演速度和叠加速度，但将其带入 Fillippone 公式中，从而提高地层压力预测的精度。

从地层压力预测技术发展的现状来看，预测地层压力的技术主要存在以下两个方面的问题：一是地层压力预测技术利用了在异常高压地层中具有低纵波速度的特性，但由于异常高压不是造成纵波速度降低的唯一原因，所以利用现有方法预测地层压力时会存在一定的误差。二是地层压力预测模型主要利用 Terzaghi 有效应力定理（Terzaghi K，1943），但由于 Terzaghi 方程是在相对疏松的介质中建立的方程存在一定的假设条件，特别是在该定理中没有引入反映多孔介质特性的重要参数——孔隙度，因而是不妥当的（李传亮等，1999）。

（二）方法与技术流程

地下地层岩石中任何一点垂向上都存在三个压力，即上覆岩层压力（p_{ov}）、地层压力（p_f）和骨架有效应力（σ）。Terzaghi 方程是描述 p_{ov}、p_f 和 σ 之间的经典方程，目前在地质、石油科学领域被广泛使用。然而由于 Terzaghi 方程是在相对疏松的介质中建立的方程存在一定的假设条件，通过深入研究，重新建立了双相介质静力平衡方程：

$$p_{ov} = \left[\phi p_f + (100 - \phi)\sigma\right]/100 \qquad (6\text{-}9)$$

式中，p_{ov} 表示上覆岩压力，MPa；p_f 表示地层压力，MPa；σ 表示骨架有效应力，MPa；ϕ 表示地层孔隙度，%。

1. 计算上覆岩层压力的方法

全世界各沉积盆地的资料表明，上覆岩层压力与埋深呈正比，直线相关性极强。实际上，上覆岩层压力就是上覆地层平均密度与岩层深度的乘积，即

$$p_{ov} = \rho g h / 1000 \qquad (6\text{-}10)$$

式中，p_{ov} 表示上覆地层压力，MPa；g 表示重力加速度，m/s^2；ρ 表示上覆地层平均密度，g/cm^3；h 表示地层深度，m。

2. 计算有效应力的方法

下面从虎克定律和杨氏模量的定义出发推导有效应力与岩石速度之间的理论关系。首先由虎克定律可得

$$E = \frac{\sigma}{\varepsilon} \qquad (6\text{-}11)$$

式中，E 为杨氏模量，MPa；σ 为有效应力，MPa；ε 为弹性应变。

根据岩石物理实验，杨氏模量与拉梅系数、剪切模量之间有以下关系：

$$E = \frac{\mu(3\lambda + 2\mu)}{\lambda + \mu} \qquad (6\text{-}12)$$

式中，λ 为拉梅系数，MPa；μ 为剪切模量，MPa。

将式（6-11）和式（6-12）合并并考虑到地层在沉积压实的过程中，弹性应变主要为垂向上厚度的变化，因此假定 $\varepsilon = \Delta H/H$，可得

$$\sigma = \frac{\mu(3\lambda + 2\mu)}{\lambda + \mu} \frac{\Delta H}{H} \qquad (6\text{-}13)$$

又因为：

$$\begin{cases} \lambda = \rho\left(V_p^2 - 2V_s^2\right) \\ \mu = \rho V_s^2 \end{cases} \qquad (6\text{-}14)$$

将式（6-14）代入式（6-13），建立有效应力与纵横波速度之间的关系：

$$\sigma = \frac{\rho V_s^2\left(3V_p^2 - 4V_s^2\right)}{V_p^2 - V_s^2}\frac{\Delta H}{H} \tag{6-15}$$

3. 地层压力计算方法

将(6-9)式变形可推导得：

$$p_f = \left[100 \times p_{ov} - (100 - \phi) \times \sigma\right]/\phi \tag{6-16}$$

再将式(6-10)和式(6-15)带入式(6-16)中，即可得到地层压力预测的方法：

$$p_f = \left[\rho gh\Big/10 - (100 - \phi) \times \frac{\rho V_s^2\left(3V_p^2 - 4V_s^2\right)}{V_p^2 - V_s^2}\frac{\Delta H}{H}\right]\Big/\phi \tag{6-17}$$

（三）应用实例

准噶尔盆地地层压力分布复杂，长期以来由于地层压力预测不准，在钻井过程中常出现井壁失稳、卡钻、井壁坍塌、钻井液漏失等工程事故，严重影响了钻井速度。为减少工程复杂问题，准确预测地层压力至关重要（帕尔哈提等，2009）。准噶尔盆地环玛湖斜坡区已发现了多个油气藏，其中三叠系百口泉组主要为扇三角洲平原和扇三角洲前缘沉积，岩性以杂色、褐色和灰绿色砂砾岩为主。储层物性差，甜点储层平均孔隙度为8%，渗透率为0.1～1mD，为典型的低孔低渗储层。

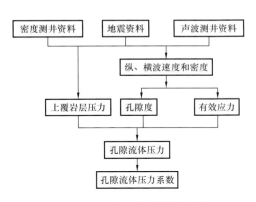

图 6-39　地层压力预测流程图

利用新方法在准噶尔盆地 M131 井区开展了方法的攻关试验，建立了如图 6-39 所示的流程图。主要利用纵、横波时差和叠前资料通过反演预测了 M131 井区地层压力的分布特征。

M131 井区是准噶尔盆地近年来的勘探热点区域，工区内资料较丰富，有利于开展方法的试验。本次攻关首先在工区内开展三参数同步叠前反演，同时获得纵波速度、横波速度和密度数据体。如图 6-40、图 6-41、图 6-42 分别为 M131 井区三叠系百口泉组二段（T_1b_2）的纵波速度层间切片、横波速度层间切片和密度层间切片。

在叠前 CRP 道集优化处理的基础上，充分利用振幅随偏移距变化的信息，以纵、横波速度、密度等测井资料为约束，联合反演出与地下岩层信息相关的多种弹性参数，进而进行储层物性的预测。图 6-43 为 M131 井区 T_1b_2 的孔隙度层间切片。图中红黄色区域为孔隙度大于 8.5% 的区域，钻井吻合率为 85%。

将利用叠前反演得到的纵、横波速度和密度以及"甜点"储层预测最终得到的孔隙度代入公式（6-17）中，通过数据体之间的计算，最终得到研究区地层压力预测数据体。M2井为研究区内的一口探井，该井在钻遇目的层三叠系百口泉组（T_1b）时 dc 指数偏离趋势线，为异常高压，对该井分别利用Terzaghi模型和双相介质模型进行地层压力预测。M2井钻井实测3593～3627.5m，地层压力为62.6MPa，利用Terzaghi方程计算的地层压力为56.03MPa，而用双相介质模型计算的地层压力为61.51MPa（图6-44）。图中深红色和浅蓝色数据点分别代表上覆岩层压力和静水压力，红色三角数据点和绿色椭圆型数据点分别代表利用双相介质模型和Terzaghi模型计算得到的地层压力，从图中可知在埋深2600m以深利用两种方法计算的地层压力均偏离静水压力趋势线，但双相介质模型计算的结果更接近实测压力值，精度更高。

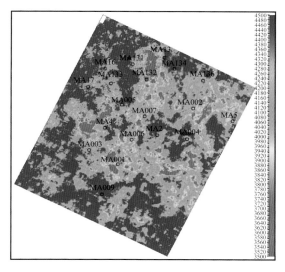

图6-40　纵波速度层间切片

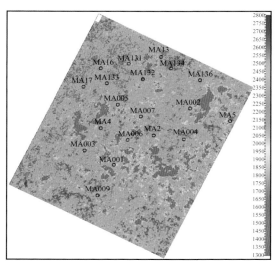

图6-41　横波速度层间切片

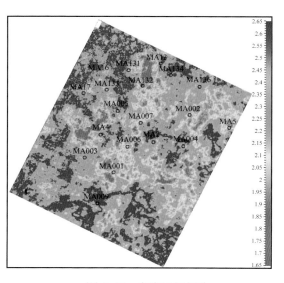

图6-42　密度层间切片

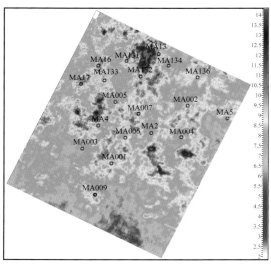

图6-43　孔隙度层间切片

利用压力预测的结果结合研究区的地质认识,明确了环玛湖斜坡区异常高压的成因为封闭条件下的晚期高熟油气的充注作用。图 6-45 为目标层 T_1b_2 的压力预测结果,利用该方法预测了 M131 井区发育 81km^2 的压力系数大于 1.25 的异常高压分布区,为 M131 等井区针对低渗透储层的井位部署和有利钻探目标优选提供了有利的技术支撑。

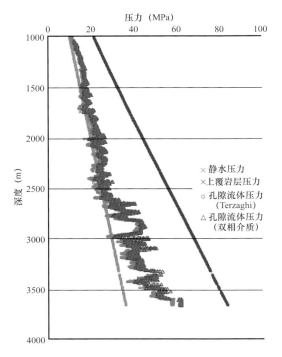

图 6-44 不同方法计算的 M2 井地层压力剖面

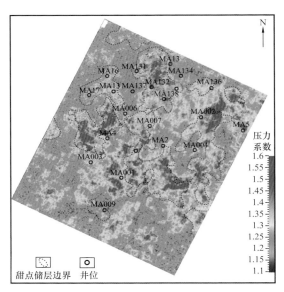

图 6-45 M131 井区地层压力系数平面图

参 考 文 献

Bahorich M, Farmer S.1995.3D seismic discontinuity for faults and stratigraphic features: the coherence cube [J]. The Leading Edge,14(10):1053-1058.

Bakker P.2002.Image structure analysis for seismic interpretation [D].Delft Holland: technisch Universiteit.

Bob Bruce, Glenn Bowers.2002.Pore pressure terminology [J].The Leading Edge, February, 170-173.

Dickinson W R. Interpreting provenance relations from detrital modes of sandstones [M]//Zuffa G G. Provenance of Arenites. NATO ASI Series. Dordrecht: Springer, 1985, 148: 333-361.

Eberhart-Phillips D, Han D H, Zoback M D.1989.Empirical relationships among seismic velocity, effective pressure, porosity, and clay content in sandstone [J].Geophysics,54(1):82-89.

Fillippone W R.1982.Estimation of formation parameters and the prediction of overpressures from seismic date [R]. SEG 0502.

Got H, Monaco A, Vittori J, et al. Sedimentation on the Ionian active margin(Hellenic arc)- provenance of sediments and mechanisms of deposition[J]. Sedimentary Geology,1981,28(4):243-272.

Marfurt K J，Kirlin R，Farmer SL，et al.1998.3D seismic attributes using a semblance-based coherency algorithm［J］. Geophysics，63（4）：1150-1165.

Morton A，Hurst A. Correlation of sandstones using heavy minerals：an example from the Statfjord Formation of the Snorre Field，northern North Sea［C］//Dunay R E，Hailwood E A. Non-biostratigraphical methods of dating and correlation. London：Geological Society Special Publication，1995，89：3-22.

Richards M.，Bowman M. Submarine fans and related depositional systems Ⅱ：variability in reservoir architecture and wireline log character［J］. Marine and Petroleum Geology，1998，15（8）：821-839.

Terzaghi K.1943.Theoretical soil mechanics［M］.New York：John Wiley and Sons，Inc，528.

WEI Wei，Zhu Xiaomin，Tan Mingxuan，et al. Diagenetic and porosity evolution of conglomerate sandstones in Bayingebi Formation of the Lower Cretaceous，Chagan Sag，China-Mongolia frontier area［J］. Marine and Petroleum Geology，2015，66（4）：998-1012.

艾池，冯福平，李洪伟.2007. 地层压力预测技术现状及发展趋势［J］. 石油地质与工程，21（6）：71-76.

蔡涵鹏，贺振华，何光明，等.2013. 基于岩石物理模型和叠前弹性参数反演的孔隙度计算［J］. 天然气工业，33（9）：48-52.

蔡佳.2011. 南阳凹陷南部断超带古近系古地貌恢复及演化［J］. 特种油气藏，18（6）：57-60.

曹冰，秦德文，陈践发.2018. 西湖凹陷低渗储层"甜点"预测关键技术研究与应用——以黄岩 A 气田为例［J］. 沉积学报，36（1）：188-197.

淡永，邹灏，梁彬，等.2016. 塔北哈拉哈塘加里东期多期岩溶古地貌恢复与洞穴储层分布预测［J］. 石油与天然气地质，37（3）：304-312.

郭华军，单祥，李亚哲，等. 玛湖凹陷北斜坡百口泉组储集层物性下限及控制因素［J］. 新疆石油地质，2018，39（1）：63-69.

胡宗全，朱筱敏，彭勇民. 准噶尔盆地西北缘车排子地区侏罗系物源及古水流分析［J］. 古地理学报，2001，3（3）：49-54.

金民东，谭秀成，曾伟，等.2016. 四川盆地磨溪—高石梯地区加里东—海西期龙王庙组构造古地貌恢复及地质意义［J］. 沉积学报，34（4）：634-644.

李传亮，孔祥言，徐献芝，等.1999. 多孔介质的双重有效应力［J］. 自然杂志，21（5）：288-291.

李忠，贺振华，巫芙蓉，等.2006. 地震孔隙度反演技术在川西砂岩储层中的应用与比较［J］. 天然气工业，26（3）：50-52.

刘力辉，李建海，刘玉霞.2013. 地震物相分析方法与"甜点"预测［J］. 石油物探，52（4）：432-437.

刘力辉，王绪本.2011. 一种改进的射线弹性阻抗反演公式及弹性参数反演［J］. 石油物探，50（4）：331-335.

刘力辉，杨晓，丁燕.2013. 基于岩性预测的 CRP 道集优化处理［J］. 石油物探，52（5）：482-488.

马收先，孟庆任，曲永强，等. 轻矿物物源分析研究进展［J］. 岩石学报，2014，30（2）：597-608.

倪冬梅，韩立国，宁媛丽，等.2011. 双谱速度分析下的地层压力预测［J］. 世界地质，30（4）：648-654.

帕尔哈提，雷德文，邵雨.2009. 准噶尔盆地复杂地区地层压力预测方法研究及应用［J］. 地球物理学进展，24（4）：1377-1383.

潘光超，周家雄，韩光明，等.2016. 中深层"甜点"储层地震预测方法探讨——以珠江口盆地西部文昌 A 凹陷为例[J].岩性油气藏,28(1):94-100.

蒲仁海,孙卫,陈振新,等.高分辨率层序地层学在桩52块近岸浊积扇前积油层对比中的应用[J].沉积学报,1998,16(4):21-26.

蒲仁海.前积反射的地质解释[J].石油地球物理勘探,1994,29(4):490-497.

邱燕.珠江口盆地三角洲相前积反射结构的分布特征及成因探讨[J].海洋科学,1992,(1):37-40.

石万忠,何生,陈红汉.2006.多地震属性联合反演在地层压力预测中的应用[J].石油物探,45(6):580-585.

宋子齐,唐长久,刘晓娟,等.2008.利用岩石物理相"甜点"筛选特低渗透储层含油有利区[J].石油学报,29(5):711-716.

谭开俊,王国栋,罗惠芬,等.2014.准噶尔盆地玛湖斜坡区三叠系百口泉组储层特征及控制因素[J].岩性油气藏,26(6):83-88.

唐勇,徐洋,李亚哲,等.玛湖凹陷大型浅水退覆式扇三角洲沉积模式及勘探意义[J].新疆石油地质,2018,39(1):16-22.

肖学,杨蕾,王旭.泌阳凹陷孙岗地区地震相识别[J].岩性油气藏,2013,25(2):31-35.

徐怀大,王世凤,陈开远.地震地层学解释基础[M].中国地质大学出版社,1990,28-63.

严科,毕义泉,赵红兵.沉积界面控制的三角洲前缘精细地层对比方法[J].西南石油大学学报(自然科学版),2011,33(5):35-40.

杨晓萍,赵文智,邹才能,等.2007.川中气田与苏里格气田"甜点"储层对比研究[J].天然气工业,27(1):4-7.

云美厚.1996.地震地层压力预测[J].石油地球物理勘探,31(4):575-586.

张尚锋.2007.高分辨率层序地层学理论与实践[M].北京:石油工业出版社.

赵澄林.2001.沉积学原理[M].北京:石油工业出版社.

赵红格,刘池洋.物源分析方法及研究进展[J].沉积学报,2003,21(3):409-415.

赵俊兴,陈洪德,向芳.2003.高分辨率层序地层学方法在沉积前古地貌恢复中的应用[J].成都理工大学学报:自然科学版,30(1):76-81.

支东明,唐勇,郑孟林,郭文建,吴涛,邹志文.玛湖凹陷源上砾岩大油区形成分布与勘探实践[J].新疆石油地质,2018,39(1):1-8

周东红,熊晓军.2014.一种高进度地层压力预测方法[J].石油地球物理勘探,49(2):344-348.

周新桂,张林炎,范昆.2007.含油气盆地低渗透储层构造裂缝定量预测方法和实例[J].天然气地球科学,18(3):328-333.

朱强,毕彩芹.陆相地层精细对比及应注意的问题[J].油气地质与采收率,2002,9(3):27-30.